表裡不一的動物超棒的!圖鑑

沼笠航／著

柴田佳秀／生物監修　張東君／譯

遠流

眾所皆知

在本書露臉的有趣動物

嗚哇！（←問候）謝謝大家拿起這本有著奇怪書名的書。我是作者沼笠航。大家可能會感到很疑惑，沼笠航是誰？不過即使不知道也完全沒問題！雖然這本圖鑑主要是寫給喜歡動物的年輕朋友看的，不過，繪圖的時候是希望讓對動物沒興趣的大小朋友都能看得很開心！

事實上，跟孩子或大人沒關係，重要的是好奇心。如果您對不可思議的動物世界多少感興趣的話，應該會看這本「超棒的」圖鑑看得很開心！

不為人知

眾所皆知與不為人知？

在這本圖鑑中，每一種動物都有「眾所皆知」的頁面和「不為人知」的頁面。在「眾所皆知」頁面中會簡單扼要的解說動物的基本特徵，「不為人知」頁面則熱切的介紹該種動物令人驚訝的祕密生態。

眾所皆知與不為人知、不為人知與眾所皆知……讀完這本充滿「意外」的書之後，對動物抱持的印象說不定會有一點點改變。請把你喜歡的部分分享給周圍的朋友吧！

動物的「不為人知」有三類！

第1章	第2章	第3章
與一般的印象天差地遠！	不為人知的特技和特徵！	充滿謎團的生活方式！
令人驚訝！	好厲害！	不可思議！

目錄

第1章 令人驚訝！眾所皆知與不為人知的動物大小事

與一般的印象天差地遠！

脖子能像鞭子那樣甩動！

海中速度之王！

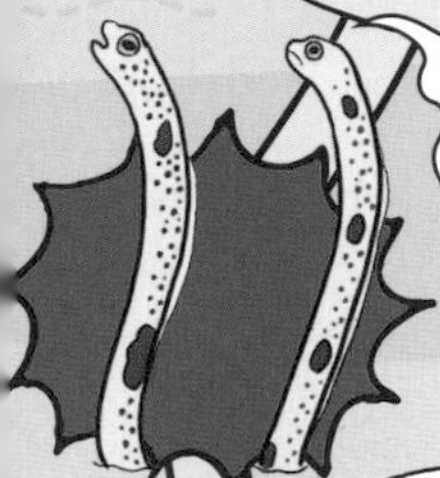

看起來晃來晃去很悠哉的魚？

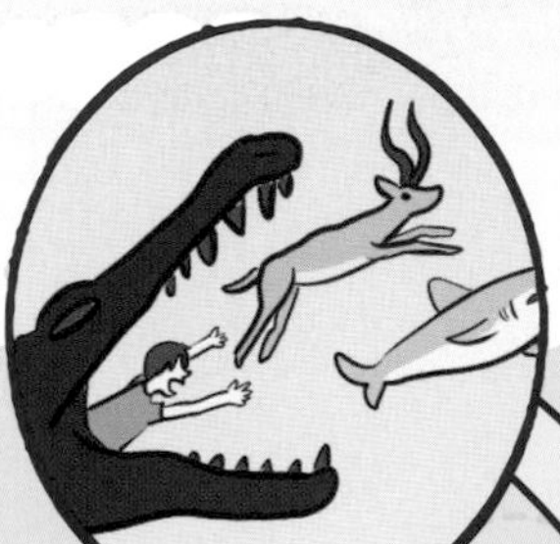

潛藏在水中的利牙！

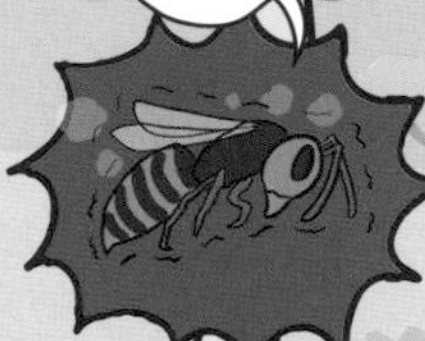

最強的昆蟲也會落敗？

最常見的海龜。

嗜血的殺人魚？

冰海中的天使。

大自然的清道夫。

可怕的劇毒大蜘蛛？

原本的顏色是？

前往下一頁

第2章 好厲害！

不為人知的特技和特徵！

眾所皆知與不為人知的動物大小事

起點

全宇宙最受喜愛的動物！

柴犬和狼之間……

水面下的神槍手！

不起眼卻具有厲害的技能！

這隻河豚非比尋常！

世界最大的療癒系鼠輩？

堅硬又有毒！

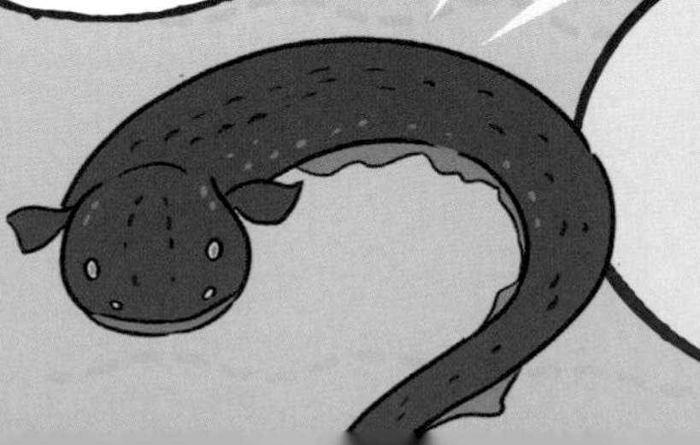

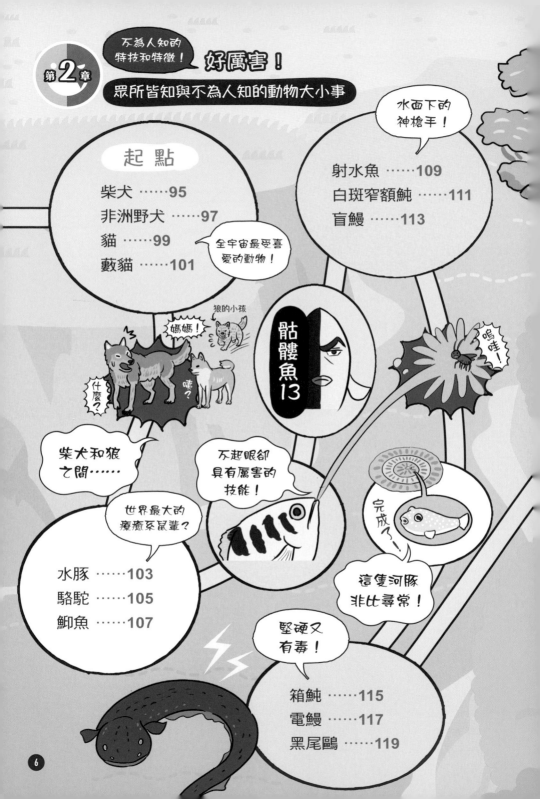

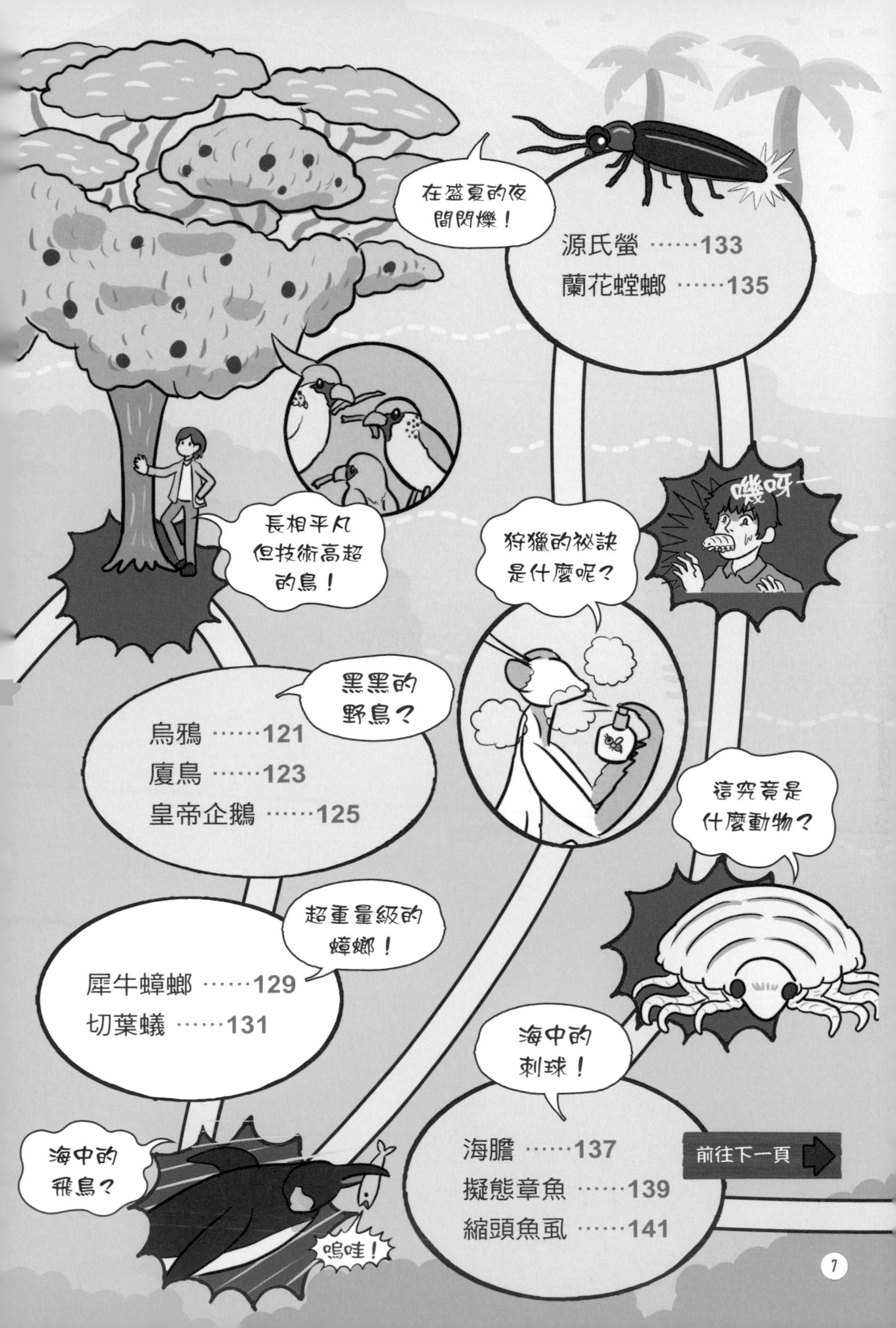
在盛夏的夜間閃爍！
長相平凡但技術高超的鳥！
黑黑的野鳥？
超重量級的蟑螂！
海中的飛鳥？
嗚哇！
狩獵的祕訣是什麼呢？
嘰呀—
這究竟是什麼動物？
海中的刺球！
前往下一頁

第3章

充滿謎團的生活方式！

不可思議！眾所皆知與不為人知的動物大小事

起點

森林中的紅臉猴。

海裡的獨角獸。

重量級的魚類！

充滿謎團的鴨嘴獸！

具有不可思議能力的鼴鼠！

深海中的神奇魚類！

漂蕩的海中之馬！

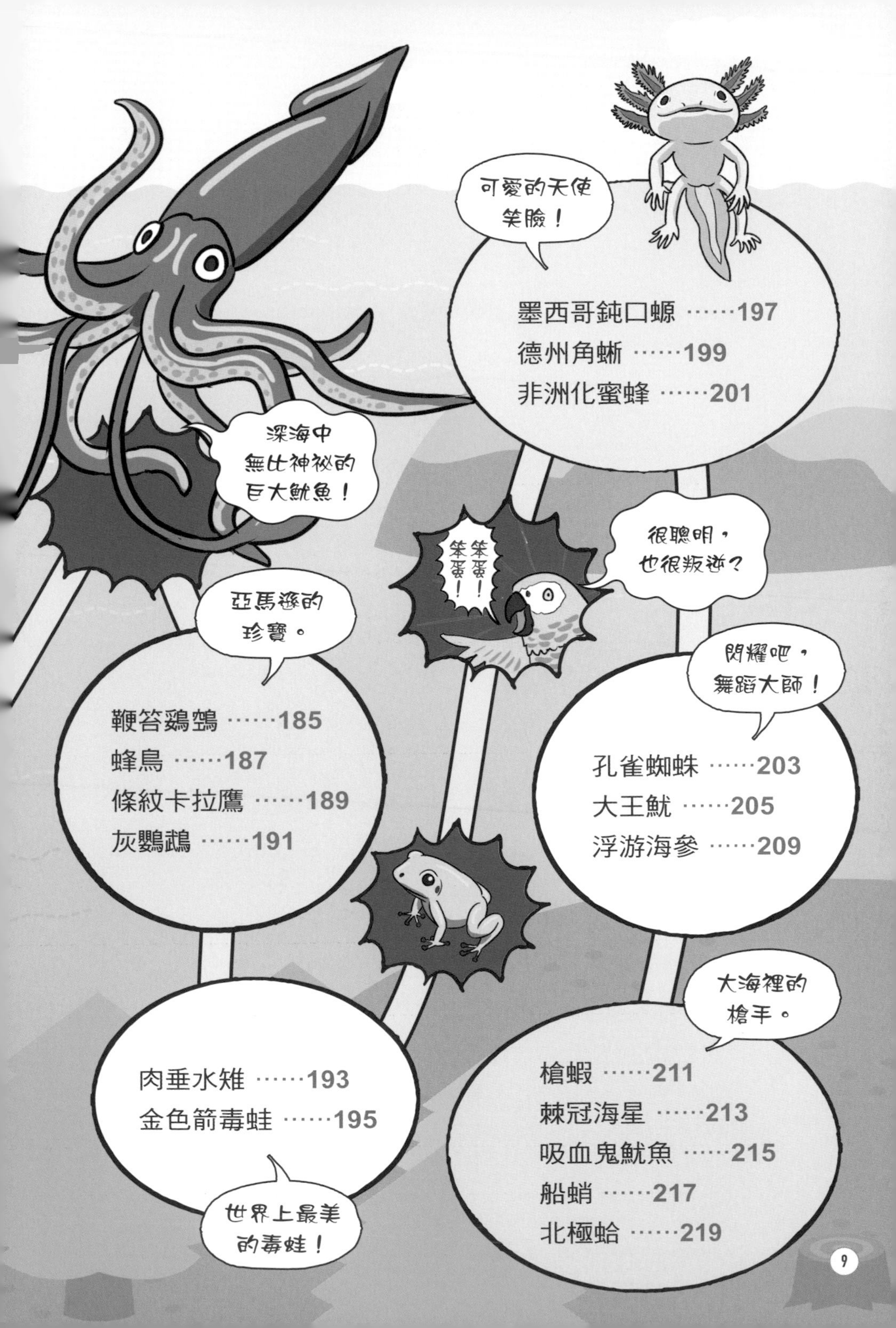

深海中
無比神祕的
巨大魷魚！
可愛的天使
笑臉！
亞馬遜的
珍寶。
笨蛋！
笨蛋！
很聰明，
也很叛逆？
閃耀吧，
舞蹈大師！
世界上最美
的毒蛙！
大海裡的
槍手。

本書的讀法

眾所皆知

不為人知

你試試看啊！

翻頁之後……

說明動物的基本資料與特徵。

可以看到顛覆既有印象的特性。

眾所皆知
不為人知
柴犬
最好的茶色朋友
日本最受喜愛的犬種！
個性穩重，對主人很忠實。
名字的由來眾說紛紜，有一種說法是毛皮顏色像乾柴。
木柴
自古以來，在日本是做為獵犬，協助人們狩獵。
英文名是 Shiba Inu，在世界各國也很受歡迎。
巴黎
在距今一萬多年前的日本繩文時代遺跡中，發現了柴犬祖先的化石。
啊！
動物資訊
動作非常敏捷，是日本犬中飼養最多的。也有毛色純白的柴犬。東京澀谷車站的銅像「忠犬八公」看起來很像柴犬，但其實是體型比較大的秋田犬。
體長 40 ～ 45 公分
不要，我不想去！
散步！散步！
分類 哺乳類、犬科
食物 肉、人工飼料等
分布 日本
95
沒想到，柴犬居然——是 DNA 和狼最接近的狗！
分析各種狗的 DNA 之後，發現有幾個犬種的基因和狼很接近……
耶！
好朋友！
哈士奇
研究結果顯示，所有犬種當中基因最接近狼的，居然是柴犬！
媽媽！
狼的小孩
什麼？
同樣讓人跌破眼鏡的是，第二接近狼的居然是鬆獅犬！DNA 這種東西，真的是無法從外貌判斷呢！
鬆獅犬
結果……
不能一看一同！
96

動物資訊

詳細說明動物的各種生態習性與重要資訊。

體長

用生活周遭的物品來和動物的體型做比較。雌雄的大小如果差異很大，會分開標示。

分類

說明該種動物在生物分類上屬於哪一類。

食物

說明該種動物主要是吃什麼食物。

分布

說明該種動物主要的分布區域。

第1章

與一般的印象
天差地遠！

令人驚訝！

眾所皆知與不為人知的動物大小事

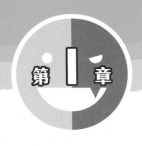

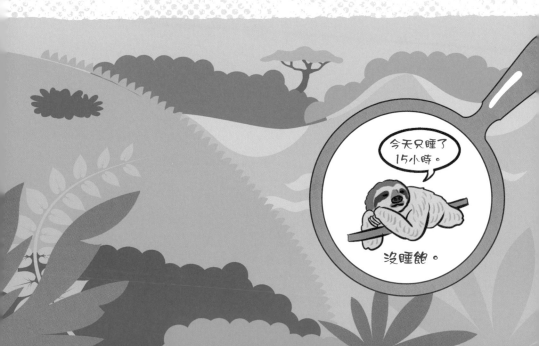

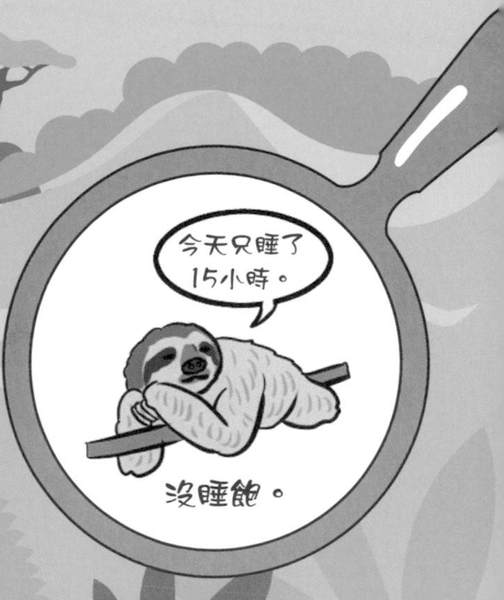
今天只睡了
15小時。
沒睡飽。

與既有印象大相逕庭的動物！

有些人雖然長相看起來很可怕，其實為人很親切；有些人看起來好像很老實，生起氣來卻非常恐怖——生物是不能只靠外形或印象來判斷的。這一章要介紹的，就是與一般印象出入很大的動物。

看起來很強大的動物……

大虎頭蜂在昆蟲當中是相當強的，可是，有時候也會受到預料之外的動物還擊。

詳情請看 81頁

看起來很溫馴的傢伙……

說到貓熊，就會想到竹子，而牠們那種說不出來的可愛外形更是讓牠們深受歡迎。現在就讓大家看看牠們在野外不為人知的真面目！

詳情請看 35頁

經常看到的美麗外表……

平時在電視上看到的紅鸛，顏色非常鮮豔。漂亮的顏色底下隱藏著令人驚訝的祕密！

詳情請看 73頁

非洲象

鼻子很長很長

陸地上最大的哺乳動物！

公象和母象都有長象牙，用來挖掘植物的根或剝樹皮。

吃植物的根、葉子或樹皮。

長長的鼻子十分靈活，有各式各樣的用途，非常方便：

- 呼吸、嗅聞氣味。
- 抓握東西。
- 汲水送入口中。
- 往身上噴水。

大象不會流汗，但非洲草原又很熱，所以牠們會啪噠啪噠的搧動耳朵來降低體溫。也有人認為牠們能用耳朵的動作來溝通。

大象給人的印象是穩重而溫柔，沒想到……

動物資訊

一天要吃100～300公斤的草、樹葉或果實等，喝 190 公升的水，食量非常驚人，然後排出每顆有2～3公斤重的大便。每次大5～6顆，每天大10次！

體長 6 ～ 7.5 公尺

分類 哺乳類、象科　食物 草、樹皮、果實等　分布 非洲

* 仿自澀谷車站的「摩亞石像」。這座雕像跟「忠犬八公」銅像一樣，是在日本相約見面的著名地標。

非洲象其實——

具有破壞性的力量！

大象體型龐大，擁有陸地上最強等級的力量！

能夠使力把想要獵捕小象的獅子打飛！

能用身體把汽車撞翻，還能用象牙戳穿車門！

公象之間為了爭奪母象，會展開激烈的戰鬥！

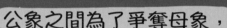

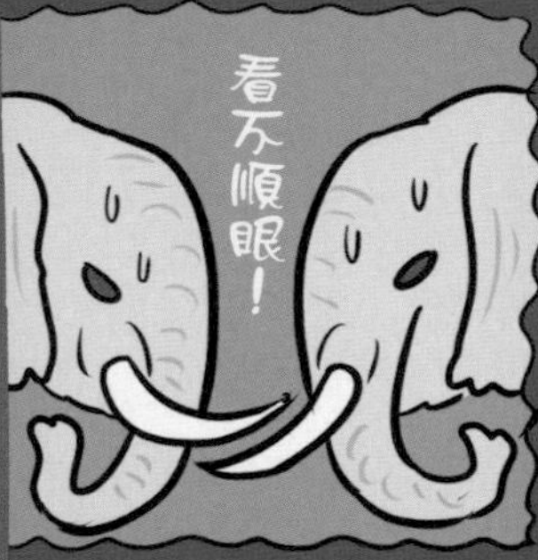

體型和象牙大小勢均力敵時，就會開始較量力氣。

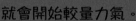

鼻子、象牙、身體激烈的互相撞擊，無所不用其極。

一旦開始打鬥，就會打到某一方輸得一塌糊塗為止。擁有的力量是如此強大，戰鬥也就更加艱辛了。

老虎

叢林之王

凶猛強壯的掠食者。貓科中體型最大的肉食動物！

躲藏在茂密的草叢中，獵物接近時，就用銳利的爪子一擊打倒！

喜歡獨來獨往，領域性很強，會在生活的領域留下自己的氣味。

犬齒很發達。

牙齒銳利，能咬斷肉。

舌頭表面很粗糙。

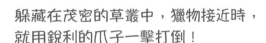

專門獵殺動物的老虎孔武有力，沒想到……

體長 2.7 ～ 3.1 公尺（孟加拉虎）

理毛是一定要的！

動物資訊

從炎熱地區到寒冷地帶都有分布，依棲息地不同分成孟加拉虎、東北虎等九個亞種。主要獵食大型的動物，受到獵物減少等影響，目前已經有三個亞種滅絕了。

分類 哺乳類、貓科　食物 鹿、野豬等　分布 俄羅斯、東南亞、印度

老虎的狩獵其實是——
勝算只有5%的賭注！

強而有力又帥氣的老虎，
狩獵成功的機率非常低！

一般認為老虎獵捕的成功率只有5～10%而已，簡直就是賭博般的勝率。

雖然是這樣說，不過只要獵殺成功，每次的收穫都很大，有時候甚至可以吃到30公斤的肉呢！

只要大約八天有一次能狩獵成功，老虎就能活下去。

雖然勝率不大，但是只要中獎就是得大獎的賭博，這就是叢林之王老虎的狩獵！

樹懶

很慢很慢，超級慢

全世界動作最慢的哺乳類！

二趾樹懶

用又長又彎的爪子緊緊鉤住樹枝。

一天要睡20小時。

二趾樹懶
三趾樹懶

今天只睡了15小時。
沒睡飽。

依前爪的爪子數目分成兩大類。

吃東西好麻煩。

為了減少能量消耗，食物的消化也是慢慢來，平均要花上16天。

毛生長的方向和一般動物相反，即使被雨淋濕，水滴會馬上順著毛流掉。

鮮嫩欲「滴」的樹懶！

動作緩慢的樹懶好像馬上就會被抓住、吃掉……

動物資訊

中美洲到南美洲的森林中一共有六種樹懶。雖然每天都在樹上慢慢的過日子，不過為了大小便，每星期還是會爬下樹到地面一次。

體長 70 公分（二趾樹懶）

居然很擅長游泳！

分類　哺乳類、樹懶亞目　食物　樹葉等　分布　中美洲～南美洲沒想到，慢吞吞的樹懶——

因為動作實在太慢了，反而不容易被發現！

樹懶身上的毛髮裡長了許多綠藻，所以身體看起來是綠色的……

再加上牠的動作很遲緩，融入綠色森林的效果絕佳！

樹懶蓬鬆的毛髮裡棲息著許多生物，簡直就像小型的叢林。

樹懶動作很緩慢又不理毛，對寄生在上面的生物來說，是最棒的住家！

樹懶本身也因此能夠在嚴酷的叢林中存活下來！

獅子

百獸之王

所有動物的象徵，也是熱帶草原上最強且最知名的貓科動物！

老虎、豹等貓科動物大多單獨生活，獅子卻過著群體生活。牠們採取群居的策略是為了在草原上生存下去吧！

由 1 ～ 3 頭的公獅、十多頭母獅加上幼獅所組成的群體，稱為「獅群」（pride）。

※稱為「pride」的理由不明。

去狩獵的主要是母獅。

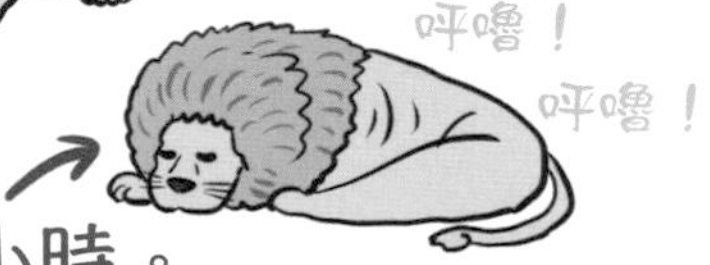

另一方面，公獅是一天睡 20 小時。

公獅不必辛苦打獵，想必過得舒適又愉快……

動物資訊

總共有印度獅、馬賽獅等七個亞種。公獅頸部周圍的鬃毛讓牠看起來雄壯威武，具有吸引母獅的作用。偶爾會有母獅長出鬃毛，但原因不明。

體長 240 ～ 330 公分

分類 哺乳類、貓科　食物 大型哺乳類、小動物等　分布 非洲、印度

＊ pride 在英文也有「自尊、驕傲」的意思。

沒想到，公獅其實——
過著相當悲慘的日子！

公獅出生後，孩提時代都和大家一起相親相愛的生活，和樂融融。

但是父親輸給其他公獅，獅群的領導者更換時，前任獅王的兒子就會被殺死。

通通殺掉！

什麼！

即使父親一直都是獅王，到了２～３歲時，還是會被趕出獅群……

該怎麼辦呢？
今天吃什麼？
狩獵指南

離開獅群的公獅過著流浪的生活，在成為某個獅群的獅王之前，都要自己狩獵，養活自己。

流浪的獅子會單獨或結伴行動。然後尋找獅王老死而只有母獅的獅群，或是獅王受傷而變弱的獅群，用戰鬥來爭取王位。

勝者為王！

戰勝而且被母獅認定為新的獅王之後，就會被母獅接受，獲得交配、繁衍的機會。

（也有兄弟一起變成獅王的例子，這樣可以同心協力保衛廣大的領域。）

即使成為了獅王，也不表示就可以一直打呼睡覺。

為了保護領域，得不停的跟其他公獅戰鬥。要是打輸的話，兒子會全數被殺死，母獅也會被新的獅王奪走。獅群的領袖絕對不是那麼好當的！

拜託了，真的！
因為這真的是在拚命！
加油！
加油！
爸爸加油！

這是絕對不能輸的戰鬥！

其他貓科動物

這裡還有很多喔！

除了獅子以外，貓科動物中還有各種肉食動物，一起來看看牠們個別的特徵！

看起來很相似，其實身上的斑紋都不一樣！

花豹

分布在非洲和南亞。

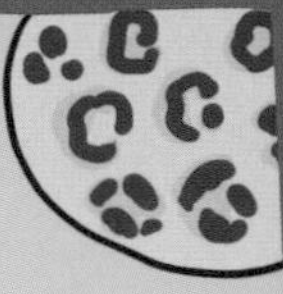

棲息在樹林或遍布岩石的地方。

腳粗短。雖然不能跑很快，但是強壯有力。

具備全方位的能力。

很擅長爬樹！有時會把獵物拖到樹上藏起來。

獵豹

在非洲草原追捕獵物。

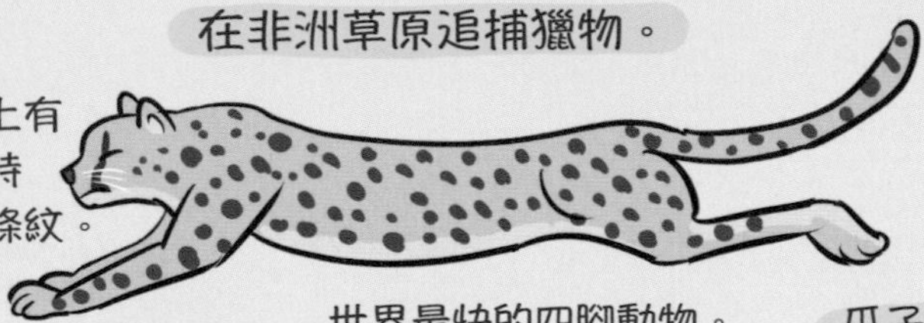

臉上有獨特的條紋。

頭比較小。眼睛的位置較高。

腳細長。

世界最快的四腳動物。最高時速為110公里。

爪子沒辦法縮到腳掌裡。

美洲豹

分布在亞馬遜河流域的掠食者。

古代文化把牠當成「夜神」崇拜。

頭比較大。嘴的咬合力很強。

有時候也會吃魚、鱷魚、大蛇等！

和其他貓科動物不同，擅長游泳！

美洲獅

又稱為山獅、puma、cougar、mountain lion。

分布在南北美洲。

圓圓的頭、耳朵直立。

會獵捕鹿及豪豬、郊狼等。

哺乳類當中跳得最高的動物，保持的紀錄居然有七公尺！

獵豹

草原上的速度之王

世界上跑得最快的哺乳動物！

具有適合快跑的骨骼、肌肉和器官，活用全身來追捕獵物！

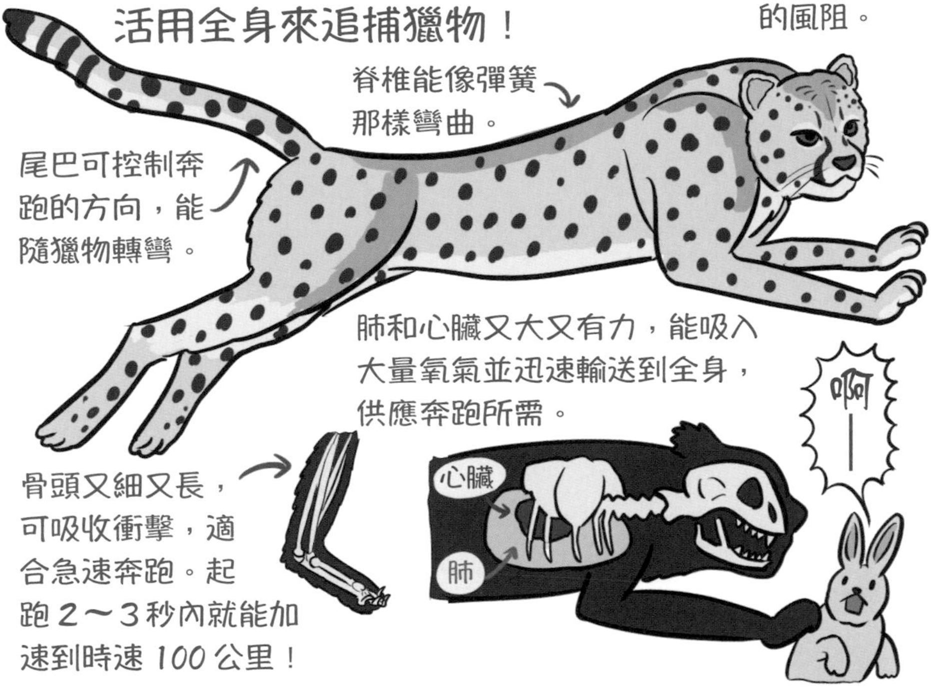

頭很小，能減少奔跑時的風阻。
脊椎能像彈簧那樣彎曲。
尾巴可控制奔跑的方向，能隨獵物轉彎。
肺和心臟又大又有力，能吸入大量氧氣並迅速輸送到全身，供應奔跑所需。
啊——
心臟
肺
骨頭又細又長，可吸收衝擊，適合急速奔跑。起跑 2～3 秒內就能加速到時速 100 公里！

全速奔跑的獵豹是「速度之王」，沒想到……

動物資訊

獵豹的骨頭非常輕，體重只有50公斤左右，大約是獅子的四分之一。雖然不強壯，但是由於奔跑的速度很快，跟草原上其他貓科動物比起來，狩獵的成功率比較高。

體長 121 ～ 150 公分

分類 哺乳類、貓科　食物 大型哺乳類、小動物等　分布 非洲、伊朗

* 暖氣（heater）發音跟獵豹（cheetah）很像。

獵豹這種動物其實……

很重視節能，除了狩獵之外，不太活動！

研究結果顯示，獵豹平時會盡量不消耗能量，以備急劇加速、快跑時有足夠的體力。

獵豹一天消耗的能量跟人差不多。

獵豹雖然具有驚人的爆發力，而且奔跑速度很快，卻也經常被說是耐力不足的動物。

有時候也會被獅子搶走獵物。

這是因為把咬合力、戰鬥力通通捨棄（不只有身體結構而已，還包括生活型態），全部賭在瞬間疾速上……

結果就是全速奔跑最多只能跑400公尺！把一切都獻給速度，這就是獵豹！

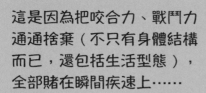

400公尺跑道

河馬

溫和又憨厚？

體型大小僅次於大象的草食動物！

嘴巴可以張開150度！

皮很厚，但是沒什麼毛。

一天大部分時間都待在水裡，潛水一次能憋氣長達五分鐘。

會讓鳥幫忙吃掉身上那些討厭的寄生蟲！

河馬一向給人悠閒的印象，但是……

動物資訊

白天大約30隻左右成群在河流或沼澤度過，夜晚則上岸吃草，悠哉的過日子。公河馬具有領域性，在保護孩子時會變得具有攻擊性，有時候會一口咬死鱷魚。

體長 5 公尺

河馬一天大約會吃掉 35 公斤的草。
（相當於小學四年級男生的體重。）

分類 哺乳類、河馬科　　食物 水邊的草　　分布 非洲

河馬其實是——
非洲最危險的動物！

和牠們悠哉敦厚的形象相反，河馬其實是非洲最危險的動物，每年遭受河馬攻擊而死亡的人數不少。

牙齒可長到
50 公分長！

咬合力可達
1 公噸！

體重可達
3 公噸！

奔跑的時速可達每小時 40 公里，
比閃電波特*的速度還快呢！

河馬真是力量與速度兼具的最強級猛獸！

* 牙買加短跑健將，100 公尺短跑只花了 9.58 秒，換算成時速大約 38 公里。

長頸鹿

脖子長長的動物

陸地上最高的動物！

伸出長達 50 公分的舌頭，取食樹頂上的葉子。

是日本可飼養的寵物當中最大型的動物。

價格在 300 萬～1000萬日圓左右（純種的很貴）。

有 2～5 支角，外面覆蓋著長毛的皮膚。

為了把血液輸送到位於高處的腦部，血壓比人類高一倍以上。

有七塊頸椎，關節很靈活。

人類的頸椎也是七塊。

原本以為長長的脖子只是為了要吃高處的樹葉而已，沒想到……

動物資訊

身體的斑紋會隨分布地域而不同，像是分布在坦尚尼亞的馬賽長頸鹿，身上的褐色斑紋像是邊緣有鋸齒的葉片。長長的腿非常有力，能踢死獅子。

分類 哺乳類、長頸鹿科　食物 樹葉、花、果實等　分布 非洲

長頸鹿居然是——
用牠們的長脖子來打架！

長頸鹿雖然看起來很優雅，但是相互競爭的公長頸鹿會甩動長長的脖子擊打對方，就像在抽鞭子一樣！

即使隔了 100 公尺遠，也聽得見脖子擊打的聲音。

這時候，附近經常會有母長頸鹿。

打輸的長頸鹿甚至會被對方的脖子打到昏過去。

還有……

能用後腳把獅子踢倒。

也能以時速 50 公里快速奔跑。

長頸鹿狂野又英勇，實在令人意外！

小食蟻獸

多吃些螞蟻吧！

用長長的舌頭，一天吃上 3000 隻螞蟻！

嘴巴裡面沒有牙齒！舌頭最長可達 40 公分，上面滿是黏液。

視力很弱，主要是靠嗅覺尋找蟻窩。

能用尾巴抓握物體，擅長爬樹。

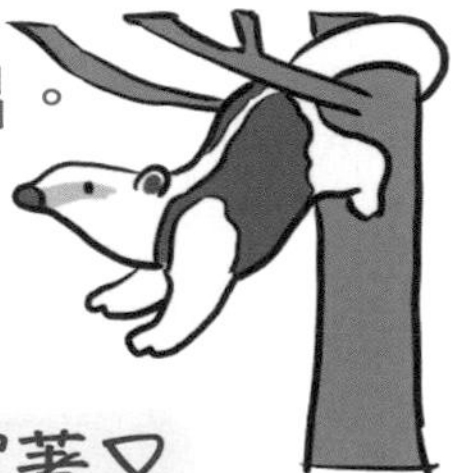

迅速的把舌頭伸進伸出。為了不讓螞蟻反攻，必須吃得又急又快。

小食蟻獸平時個性很沉著又穩重，沒想到……

動物資訊

像是穿著小背心的小食蟻獸，待在樹上的時間很長，會在樹洞等處休息，通常晝伏夜出。寶寶出生之後，會趴在媽媽的背上生活一段時間。

體長 53 ～ 88 公分

也會被當成寵物飼養。

分類 哺乳類、食蟻獸科　　食物 白蟻、螞蟻　　分布 南美洲北部、東部

被追到無處可逃時……
小食蟻獸會站起來用爪子攻擊！

小食蟻獸平時雖然很溫馴，但是遇到危險時，會以後腳站立，進行威嚇！

嗚哇！
颯唰！
喀啊—
還會用銳利的爪子反擊天敵美洲獅或美洲豹！
用尾巴平衡。

喀啊！

威武的站姿真像日本所謂的「仁王立」*——雖然很想這樣說，但實際上姿勢看起來相當可愛（但還是不能放下戒心）。

* 像佛教寺院的門神那樣威嚴、挺直的站著。佛寺的門神尊稱為「仁王」。

斑馬

黑白分明

非洲草原上有著黑白鮮明條紋的馬！

每匹斑馬的條紋都不一樣，就像人的指紋一樣，可用來辨識身分。

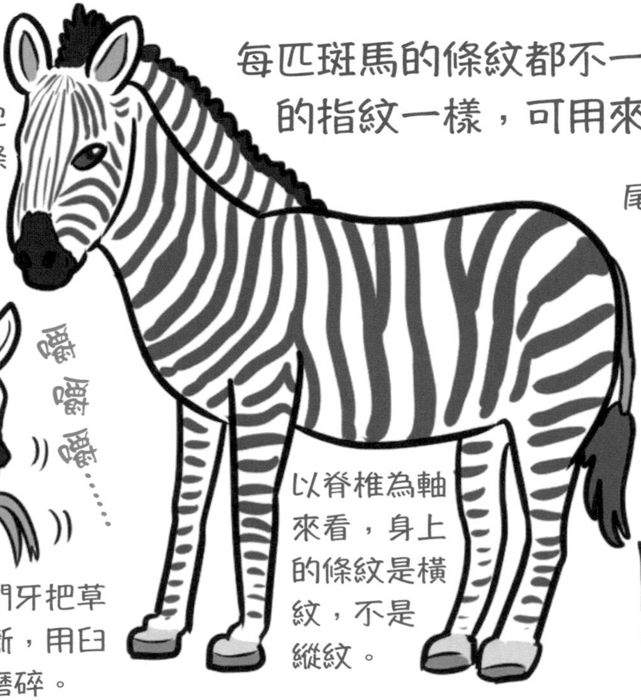

鬃毛也具有條紋。

尾巴的末端有一簇毛，像流蘇一樣。

通常由一匹公斑馬、數匹母斑馬和牠們的孩子，組成一個家族。

以脊椎為軸來看，身上的條紋是橫紋，不是縱紋。

用門牙把草咬斷，用臼齒磨碎。

黑白一族

黑白條紋讓人印象深刻，沒想到深藏不露的是……

動物資訊

成群在草原上生活，一群可多達數百隻。分成草原斑馬、山斑馬和格雷維斑馬三種，每一種斑馬都與人類騎乘的家馬不一樣，要小心被踢。

體長 2.1 ～ 2.4 公尺

分類　哺乳類、馬科　　食物　草　　分布　非洲撒哈拉沙漠以南

斑馬的皮膚其實——全身上下都是深灰色的！

斑馬的黑白條紋充滿了謎團，更令人意外的是，毛髮底下的皮膚是偏黑的深灰色！

白熊※毛髮底下的皮膚其實是黑色的。

老虎的皮膚則帶有跟毛一樣的花紋。

※正確說法是北極熊。

斑馬為什麼會有一條一條的條紋呢？長久以來，各家說法不一，最近最有力的是……

防蚊蠅叮咬

帶有病原體的蠅類好像不喜歡條紋，較少叮咬有條紋的斑馬。

消暑止熱

黑色和白色部分的溫度差會造成空氣流動，因而能讓皮膚保持涼爽。實際上，斑馬的體溫比同一地區其他沒有條紋的哺乳類低了3℃左右。

聽起來都很有道理，不過條紋的謎團還沒有完全解開。真是充滿各種可能性、不可思議的條紋！

無尾熊

整天在熟睡

全世界只分布在澳洲的有袋類！

每天睡上將近18小時。

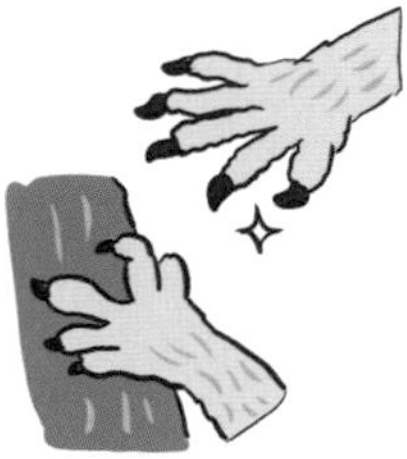

用銳利的爪子抓握樹木。

無尾熊的寶寶會待在媽媽的「育兒袋」裡成長，長達半年左右。

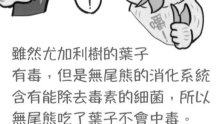

一天吃一公斤的尤加利樹葉。

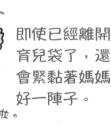

即使已經離開育兒袋了，還會緊黏著媽媽好一陣子。

雖然尤加利樹的葉子有毒，但是無尾熊的消化系統含有能除去毒素的細菌，所以無尾熊吃了葉子不會中毒。

動物資訊

無尾熊寶寶斷奶之後，常會靠近媽媽的屁股，吃媽媽排出的「軟便」，為將來吃葉子做準備，因為這種特別的副食品裡含有可消化尤加利樹葉的「益生菌」。

體長 78公分（公）、72公分（母）

無尾熊寶「包」

分類 哺乳類、無尾熊科　食物 尤加利樹的葉子　分布 澳洲

無尾熊其實——打起架來相當可怕！

無尾熊雖然看起來非常可愛又很悠閒，但是彼此之間的打鬥卻出乎意料的可怕！

啊吼哇！
咯咿吼！
有人說聲音像是從地獄深處傳來的。
吼喔！
死亡金屬樂派

打鬥的主要理由是搶樹。如果自己喜歡的樹上有別隻無尾熊，就會用大而低沉的聲音威嚇對方。

依據不同的情況，有時候甚至會演變成抓咬對方，而展開戰鬥。

嗚
永遠不要再來了！

痊癒要三天。

好痛！

不過，無尾熊為了吃尤加利樹葉，牙齒特化成平的，即使受傷也不至於太嚴重。

貓熊

深受喜愛的巨大黑白熊

吃竹子過日子的大熊，動物園的明星動物！

一天有 14～16 小時在吃竹子。

日程表

睡覺
竹子
睡覺
竹子
竹葉

小貓熊發現的年代較早，所以「貓熊」（panda）原本是指小貓熊。

我可是前輩！

能靈活的抓握竹子是因為前爪有特化的突起，稱為「第六指」或「偽拇指」。

日本動物園的貓熊是從中國租來的。

一年一億日圓
每次

死掉的話，罰款5000萬日圓。

剛出生是肉色。

逐漸變成黑白。

然後黑白到死。

動物資訊

貓熊在動物園無人不知無人不曉。野生的貓熊只分布在中國四川省、陝西省等山區。黑白相間的體色與生活周遭有殘雪的山坡相似，能讓貓熊融入背景，不易被發現。

體長 1.5～1.8 公尺

唷！

分類 哺乳類、熊科　食物 以竹子為主　分布 中國

貓熊其實——也是會吃肉的！

你好。
可愛的
小羊

在中國四川等地區曾經發生過野生貓熊襲擊綿羊、山羊等家畜，把牠們吃掉的事件。

嗚哇！

說到貓熊，大家的印象就是「草食動物」，但牠們其實是能消化肉類的雜食性動物。

植物！
肉類！

……
不要用那種
眼神看我！

貓熊演化成可以吃竹葉或竹子，不必和其他肉食動物競爭，但牠們畢竟還是什麼都吃的熊。

大猩猩

叢林猛男

生活在森林裡，體型最大的類人猿！

身材魁梧，肌肉發達，孔武有力，握力可達 500 公斤！

一般成年人類男性的握力只有 47 公斤左右。

吃很多的植物，擁有結實的肌肉。

成年的雄性大猩猩，背上的毛會變成銀灰色，稱為「銀背」。大猩猩過著群居生活，每群由一隻銀背領導。

動物資訊

大猩猩分成東部大猩猩以及西部大猩猩兩種，東部大猩猩以草為主食，西部大猩猩則以果實為主食。野生的大猩猩幾乎不吃黃色的香蕉。

體長 185 公分（雄性的東部大猩猩）

大猩猩身強力壯，沒想到……

分類 哺乳類、人科　食物 草、樹葉、果實　分布 非洲中部

大猩猩其實是——
非常敦厚又纖細敏感的動物！

冷靜！
鎮定！
啪叩！
啪叩！
啪叩！

拍打胸部發出啪叩啪叩聲的拍擊行為，是大猩猩的招牌動作。

拍擊胸部主要是溝通，並不希望打架，可以說是「不要爭鬥」的和解信號。

大猩猩基本上是不喜歡暴力的動物。

不可以看。
看不到。
咚嘶！
啊！

牠們也不好伺候。在動物園等環境，只要有點緊迫，就會拉肚子或憂鬱。

請保重。
噗嚕嚕……

因為牠們很聰明，才會東想西想而有很多煩惱吧！

大水獺

隱藏在濁流中的巨獸

分布在南美洲，世界上體型最大的水獺！

骨溜溜的眼睛。

鬍鬚能感應水流的變化，尋找獵物。
身體很柔軟，靠強而有力的尾巴擺動，靈巧的游泳。
腳趾間有蹼。

世界最小的水獺是小爪水獺，非常可愛，而且很受歡迎。

嘎噗！
………
嘎噗！

野生的大水獺全世界只有幾千隻，非常稀少*。由於個性害羞，所以很難被發現。

動物資訊

大水獺過著「家族」生活，由一對父母和牠們的子女組成，4～9隻左右一起生活。家族成員的感情很好，不論狩獵或是爭奪領域，都會全家出動，同心協力！

分類 哺乳類、貂科　　食物 魚、蝦、蟹　　分布 南美洲

* 臺灣也有野生的水獺，為歐亞水獺，目前只剩金門有分布。

大水獺居然會——一邊笑一邊攻擊鱷魚？

大水獺的主食居然是河流裡的食人魚！牠們是大胃王，一天要吃3～4公斤的魚。

最驚人的是，牠們連凶暴的鱷魚也攻擊，然後吃掉鱷魚！

家族團結一致獵捕鱷魚。牠們能發出九種不同的聲音來溝通。

狩獵時，年幼的大水獺叫聲聽起來像是在笑一樣，讓人毛骨悚然。

野豬

勇往直前衝衝衝？

身體強壯，體力充沛的動物！

肌肉很發達，能以每小時 45 公里的速度在森林中奔跑。

嗅覺非常敏銳。

野豬會游泳，能游數公里渡海。

獠牙會一輩子持續生長。即使嘴巴閉起來，獠牙也會露在外面。

每隻腳有四根趾頭，趾上有蹄。用中間兩趾走路，左右兩趾能防止牠們在山坡或岩石地帶滑倒。

日文用野豬來形容人「勇往直前」*，因為野豬會猛烈的向前衝撞，所以隨便靠近野生的野豬很危險喔！

野豬一旦開始衝，就沒有人能抵擋，沒想到……

動物資訊

日本有日本野豬和沖繩的琉球野豬兩種亞種，臺灣則有臺灣野豬。野豬不只會在山野中跑來跑去，還會在地面挖出淺坑，鋪上草和樹枝，築窩育幼。

體長 90 ～ 180 公分

野豬寶寶身上有條紋，很像瓜類的外皮※。

分類 哺乳類、豬科　食物 果實、草、小動物等　分布 日本、歐洲等

* 日文是「猪突猛進」（ちょとつもうしん），也有莽撞的意思。
※ 日本把仔豬稱為「瓜坊」（うりぼう）。

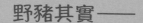

野豬其實——
能緊急煞車或轉換方向！

猛衝的野豬銳不可當，可是如果對著野豬突然打開傘的話……

牠會嚇一跳而緊急煞車，然後趕快逃走呢！野豬不只會勇往「直」前，還會根據各種狀況，緊急煞車或轉換方向。

也就是說，野豬能靈巧的轉彎！

除此之外，野豬也是跳躍高手，從靜止的狀態往上跳，可跳一公尺高呢！

所以最好不要遇到野生的野豬！

狸（又稱「貉」）

進入人類生活的動物

自古以來就生活在日本人周遭的哺乳類。

生活在森林中。

經常出現在日本民間故事、童謠、落語*中，是相當深入日本文化的動物。

曾經有狸被獵人的槍聲嚇到昏過去。

醒來之後迅速逃走，於是日文中的「狸睡著了」就成了「假裝睡覺」的意思。

也經常遭遇不好的事。

都市裡也看得到狸。

狸對日本人來說是很熟悉的動物，沒想到……

動物資訊

雜食性，什麼都吃，最愛昆蟲和水果。主要在夜間活動，夏天會尋找最喜歡的獨角仙吃。會在同一個地方大便，並且用「糞堆」來宣示領域。

體長 50 公分

狸烏龍麵（油炸麵糊屑＋烏龍麵）

分類 哺乳類、犬科　食物 昆蟲、水果、小動物　分布 日本、東亞

* 日本傳統的說唱藝術，類似單口相聲。

※ 兔子懲罰狸的日本童話，「喀嚓喀嚓」是敲擊打火石的聲音。

狸這種動物——
從全世界來看，其實非常稀有！

狸的世界分布地圖

雖然狸在日本是家家戶戶都熟知的動物，但是以全世界來看的話，則是只有東亞部分地區才有分布，可說是非常稀有。

狸的英文名是raccoon dog，又稱為「不吠犬」。

日本和新加坡之間的「動物交換計畫」中，狸居然能跟世界三大珍獸「侏儒河馬」交換呢！

動物交換卡。
狸
非常可愛的動物。
侏儒河馬
只有一般河馬三分之一大的稀有河馬。

即使是在氣候不同的新加坡，只需要跟狗一樣的照顧就能存活，狸果然非常堅忍勇敢啊！

歡迎光臨！
喂！
吐

紅袋鼠

蹦蹦跳跳的親子

分布在澳洲，世界上體型最大的有袋類！

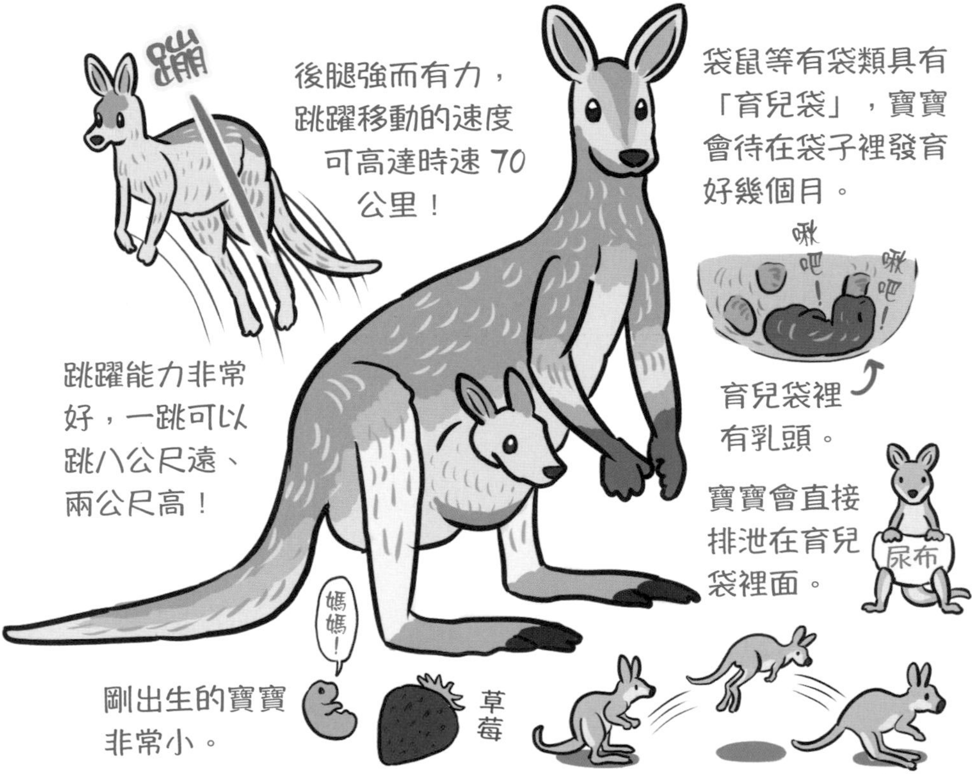

蹦
後腿強而有力，跳躍移動的速度可高達時速 70 公里！
袋鼠等有袋類具有「育兒袋」，寶寶會待在袋子裡發育好幾個月。
啾吧！
啾吧！
育兒袋裡有乳頭。
跳躍能力非常好，一跳可以跳八公尺遠、兩公尺高！
寶寶會直接排泄在育兒袋裡面。
尿布
媽媽！
剛出生的寶寶非常小。
草莓

在草原上蹦蹦跳跳的袋鼠很可愛，沒想到……

動物資訊

在草原上過著群居生活的草食動物。公袋鼠體色偏紅褐色、母袋鼠則為灰色。公袋鼠興奮時會從喉部和胸部滲出紅色液體，把毛髮染紅。

體長 160 公分

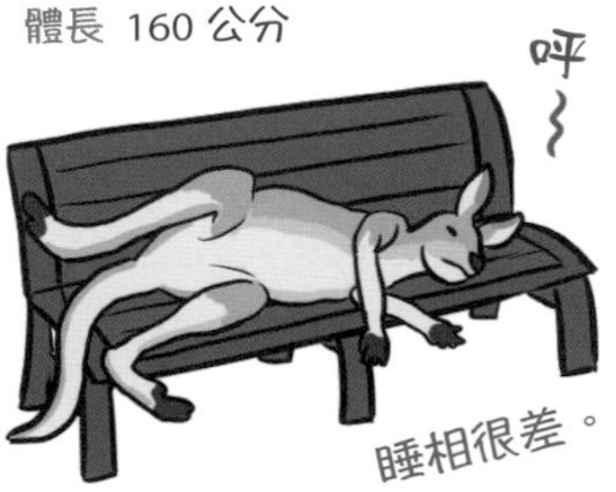

分類 哺乳類、袋鼠科　　食物 草　　分布 澳洲

袋鼠其實是——
用五隻腳來打鬥！

順利長大的公袋鼠不再可愛了，脫胎換骨，變成了一身健壯結實的「猛男」。

公袋鼠彼此之間的肉搏戰非常激烈，澳洲還有袋鼠用前腳施展「鎖頭功」制伏了一隻狗……

袋鼠的尾巴由粗壯的肌肉構成，能支撐全身。換句話說，尾巴是袋鼠的第五隻腳。

後腳的「踢功」尤其了得，強勁又猛烈，甚至能致人於死！

用尾巴支撐身體，就能盡情的使用前腳和後腳「拳打腳踢」。

絕對不要想跟袋鼠一決高下喔！

不過，主人看見狗被鎖頭，居然奮不顧身揍了袋鼠一拳！

指猴

是一種猴子喔！*

分布在南方的島嶼「馬達加斯加」，也是日本童謠裡大家耳熟能詳的靈長類。

在熱帶雨林的樹上生活。

大大的耳朵呈三角形。

圓圓的眼睛。

長長的尾巴。

有著像老鼠或松鼠般的銳利門牙，能咬穿大約有核桃殼三倍厚的馬達加斯加橄欖。

用長長的中指敲擊樹木，尋找蟲子……

找到後，用手指把蟲子拉出來。

動物資訊

指猴的英文名aye-aye來自於牠們的叫聲，中文名指猴則是來自於牠們長長的手指。牠們習慣夜間活動，白天在樹上的巢中睡覺。以一隻單獨生活，不成群。

體長 36 ～ 44 公分

分類 哺乳類、指猴科　食物 果實、昆蟲　分布 馬達加斯加島

＊取自日本童謠，開始幾句的歌詞是「指猴，指猴，是猴子喔！」

指猴因為長相的關係——在馬達加斯加被視為惡魔的化身！

雖然指猴給人的印象是很可愛，但是在棲息地馬達加斯加卻被視為「惡魔的使者」，當地人都很懼怕牠們。

的確，指猴骨溜溜的大眼睛、巨大的耳朵、異樣的長指頭，讓人聯想到「惡魔」也不難理解。而且牠們會破壞椰子等作物，所以就被當地人討厭了。

當地傳說，看到指猴就要把牠們殺死並埋起來，否則會遭遇不幸，這讓指猴瀕臨了滅絕的危機。那裡要廣為流傳的，不應該是可怕的迷信，而是可愛的童謠才對呀！

海獺

輕輕的漂浮著

分布在北美和亞洲太平洋沿岸的哺乳動物。

吃扇貝、螃蟹、海膽等，過著美食家的生活。

潛到海底捕捉貝類，然後用石頭敲碎來吃。

身上的毛皮既保暖又可以防水。

喜歡的石頭會仔細的收在身上。

會把寶寶放在肚子上照顧。

腳上有蹼。

腹部有可存放石頭的皮囊。

在這附近。

海獺在海面上輕輕的漂浮著，生活似乎很悠閒，沒想到……

動物資訊

雖然生活在海中，卻和黃鼠狼是同類。非常喜歡海膽和貝類，食量很大，一天要吃掉體重四分之一左右的食物。日本北海道根室半島等地可以看到野生的海獺。

體長 120 ～ 150 公分

分類 哺乳類、貂科　食物 魚、貝、海膽、甲殼類　分布 北太平洋

海獺的海上生活其實——
並不悠閒，而是一直在拚命！

海獺在海面上輕輕的漂浮著，生活乍看之下很輕鬆，其實是賭上性命的生活呢！

為了不讓自己在睡覺時一個不小心被潮水帶走，得用昆布纏住身體。

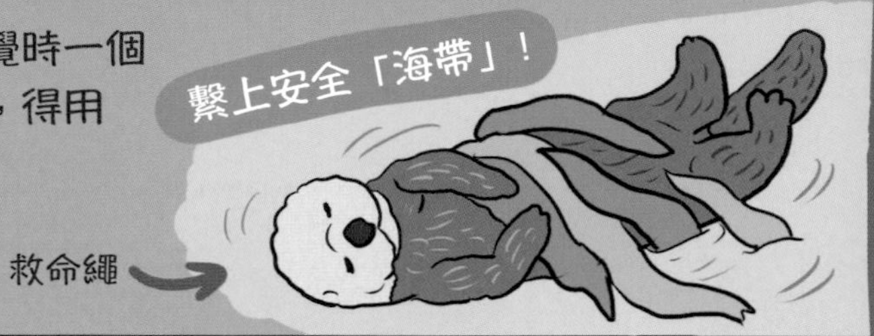

海獺也必須隨時隨地保持毛皮乾淨。

不可以偷懶！
真勤奮！
梳理！
梳理！

因為濃密的毛除了保暖之外，還能保存空氣，提供必要的浮力讓海獺浮在海上。

要是偷懶沒有好好理毛，可能就會溺死或凍死。

近來虎鯨可獵捕的動物減少，也會攻擊海獺了。

大海無情！
嗚哇！

海獺的海上生活看起來很悠哉，實際上卻是很艱困呢！

藍鯨

地球有史以來最大的動物

世界最大，也是地球歷史上最巨大的動物！

身體巨大無比，全長約 25 公尺（最大可超過 30公尺），重量可達 200 公噸。

日本把藍鯨稱為「白長鬚鯨*」，因為從水面上看起來牠是白色的。

白白的。

Q
怎麼知道藍鯨是史上最大的？
鐺！
鐺！
有這種狗嗎？
沒有。
金字塔

A

恐龍等陸生動物要是身體太重的話，肌肉和骨架會無法支撐。水中雖然有浮力，但也要有充足的食物才能讓巨大生物存活。因此，一般認為藍鯨的尺寸是生物體型的極限。

動物資訊

由於體型龐大無比，所以只要成年就沒有天敵，也因此能活得很久，壽命可超過 100 歲。剛出生的藍鯨寶寶就是巨無霸了，體長達 7公尺、體重 2公噸！

分類 哺乳類、鬚鯨科　　食物 磷蝦　　分布 世界各地的海洋

* 長鬚鯨是地球上僅次於藍鯨的第二大動物。

巨大的藍鯨其實——
光是張大嘴巴就很辛苦了！

對身體巨大無比的藍鯨來說，光是為了進食而張開嘴巴就是一件苦差事！

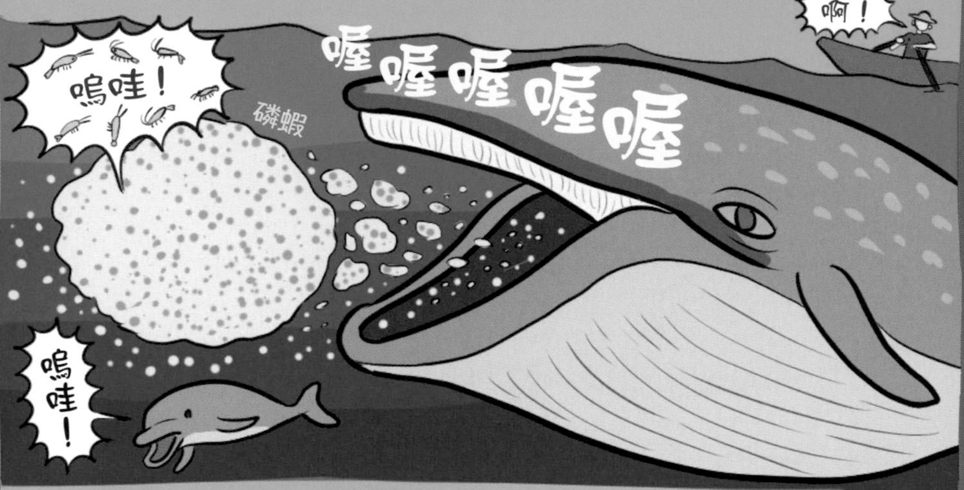
嗚哇！
磷蝦
喔喔喔喔喔
啊！
嗚哇！

藍鯨的嘴巴可打開到 10 公尺那麼寬，張開嘴巴需要消耗大量能量，而且張嘴時必須減速，要再度加速又是一樁辛苦事。

我懂。
開閉需 20 分鐘的巨蛋體育場

藍鯨一天要吃數公噸的磷蝦，基本上是看到大群磷蝦才會張嘴。

今天就算了。
呵！

雖然只是動一下下，地球史上最大的生物也是會慎重考慮的呢！

有時候會忽視小群的磷蝦。

虎鯨

巨大的「黑白郎君」*

位居海洋食物鏈頂端的最強哺乳類！

強而有力的尾鰭。

由背鰭的長度可以分辨性別。

呀呀！
等一下！
呵呵！
雌性
雄性

牙齒長達 10 公分，上下顎各長了 20～24 顆牙齒。

!!!

英文名是 killer whale，真不愧有殺手之稱，戰鬥力非常驚人，

大虎鯨※
!!

會攻擊海豹、北極熊、海豚、鯨類等動物，連鯊魚都不放過呢！

身體兩側的胸鰭可讓虎鯨在水中靈活的轉彎。

海中霸王虎鯨喜歡獨來獨往？

動物資訊

以雌性為中心成群生活，在鯨群當中，母女會有非常深的牽絆。雌虎鯨每5～6年生一胎，一胎生一隻，小虎鯨會吃媽媽的奶長達一年左右。

體長 8 公尺（雄）、7 公尺（雌）

下來！
水族館的明星！

分類 哺乳類、海豚科　食物 海洋哺乳類、魚類等　分布 世界各地的海洋

* 虎鯨的臺語俗稱。
※ 仿自電影《大白鯊》。

虎鯨其實是──
團隊合作，集體行動！

虎鯨已經是海上最強的哺乳類，居然還高度的社會化！牠們使用聲音溝通。

獵捕海豹時，多隻虎鯨會同心協力游向浮冰，帶動水流掀起大浪，把海豹從冰上打落到海裡！

虎鯨會先用身體把灰鯨寶寶從媽媽身邊撞開，然後把灰鯨寶寶壓到海裡，讓牠窒息而死！

遇到地球最大的動物藍鯨，虎鯨還會集體用身體撞擊牠！

不過，牠們並不是要獵殺藍鯨，只是為了好玩而騷擾牠。玩耍是高度社會化的證明。

虎鯨原本就是海洋中最強的動物，再加上聰明智慧和團隊合作，應該是打遍天下無敵手了！

也會捕食鳥類。

豹斑海豹

零度下的企鵝殺手

分布在南極的肉食性海豹！

豹斑海豹會彼此搶奪獵物。

牙齒銳利，能把肉撕開。

有時候會把獵捕到的企鵝、海狗等獵物儲藏在海底。

除了企鵝以外，也會捕食海狗寶寶！

這種危險生物有時候會把人類拖到海裡面，沒想到……

動物資訊

在南極海域幾乎沒有天敵。什麼都吃，有各種不同的狩獵方式，會偷偷靠近岩石捕捉躲在岩石縫隙裡的魚，也會積極的游泳追擊企鵝。

體長 241 ～ 338 公分

大約是花豹的兩倍大。

分類 哺乳類、海豹科　食物 蝦、魚、海洋哺乳類、鳥等　分布 南冰洋

豹斑海豹居然——
有時候會把獵物送給人類！
有位潛水員在南極進行水下攝影時，
出現了一頭豹斑海豹。
以凶暴聞名的豹斑
海豹衝過來時，
那個人嚇得
全身發抖。
!!!
轟
可是，那隻豹斑
海豹居然是要把
自己抓來的獵物
企鵝送給他！
吃吧！
咦？
不知道牠是不是
把穿著潛水衣的人類
當成肚子餓很久的同伴了。
難得我要
分給你。
嗚！
當牠知道對方不吃
企鵝的時候，十分
沮喪的離開了……
←容易入口的
半隻企鵝。
這個令人意外的故事讓我們感受到棲息在極寒
之地的凶狠海豹，原來也有親切的一面。

象鯊

像是要把人吞噬的巨大鯊魚

大型鯊魚，也是世界第二大的魚類，僅次於鯨鯊！

嘴巴的寬度可達一公尺！

進食的時候會大大張開。

體型龐大，屍體有時候會被誤認為是神祕的海怪。

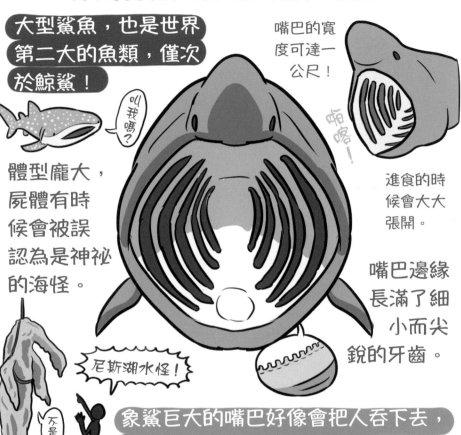

嘴巴邊緣長滿了細小而尖銳的牙齒。

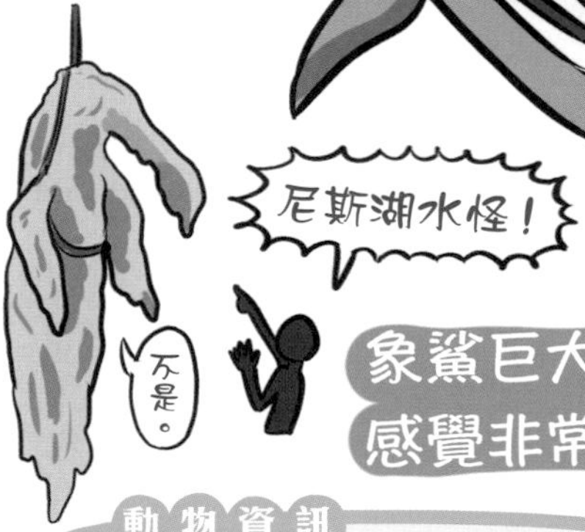

象鯊巨大的嘴巴好像會把人吞下去，感覺非常可怕，沒想到……

動物資訊

巨大的嘴巴裡長了許多細細小小的牙齒，世界最大的鯊魚「鯨鯊」以及深海的大型鯊魚「巨口鯊」，也有著同樣的特徵。

體長　10 公尺，偶爾到 15 公尺。

分類　哺乳類、象鯊科　　食物　浮游生物　　分布　溫帶和寒帶的海域

屬於鯊魚的象鯊——
雖然體型很龐大，卻一點也不可怕！

巨大的象鯊乍看之下雖然很恐怖，但是牠們絕對不會吃人！

好可怕！
喔喔喔喔！
閃開！
別擋路。

象鯊會張著嘴巴慢慢游泳，濾食水中細小的浮游生物。

用鰓過濾浮游生物。

英文用「做日光浴的鯊魚」（basking shark）來稱呼象鯊，給人一種很悠閒的印象。

也有「姥鯊」的稱呼。

啊～
不吃人嗎？
就跟你說不吃了。

有時候也會跟潛水的人一起游泳。

象鯊的動作很慢，因而被大量捕捉，割取魚鰭加工做成「魚翅」，還好現在已經有規範的條約了。

尾鰭是最高級的魚翅。

由於牠們行動緩慢，在日本還被稱為「傻鯊」，實在很過分呢！

真該把你給吃了！
啊！

黑鮪魚

海裡的速度之王

被譽為「海中子彈」，能以驚人的速度游泳，身體完全是為了速度而設計！

肌肉強壯而有力，能迅速擺動尾鰭。基本上可以說是靠尾鰭在游泳。

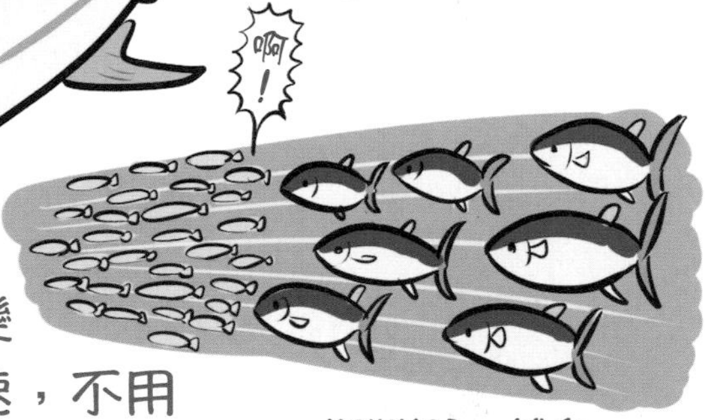

胸鰭等魚鰭用來改變方向或減速，不用的時候會收起來，以免阻礙前進。

成群游泳，捕食沙丁魚等魚群。

黑鮪魚能以時速 80 公里游泳，沒想到……

動物資訊

黑鮪魚是鮪魚當中體型最大的，日本稱為「真鮪魚」。在廣大的海洋中游來游去，甚至會從日本游到美國西岸。春天時往北游到日本、臺灣近海，秋冬時則往南移動。

分類 魚類、鯖科　食物 魚、魷魚　分布 日本近海、太平洋、大西洋部分海域

* 腹肉是指鮪魚身上帶有油脂的肉，油脂最多的稱為「大腹肉」，分布在腹部偏下巴的地方；油脂較少的稱為「中腹肉」，背部和腹部都有分布。

游泳高手鮪魚其實是——
一輩子游個不停的馬拉松「泳」者！

鮪魚給人的印象雖然是能高速游泳，但事實上牠們根本是過著長程馬拉松游泳健將的生活！

為了獲得氧，牠們必須持續不停的游泳，一旦停下來就會死掉。

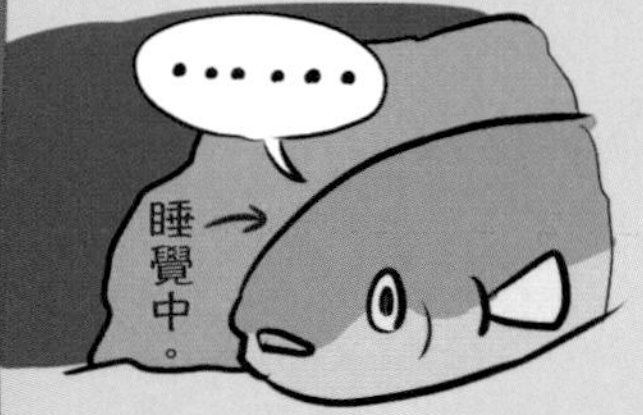

一般魚類有時候會躲在岩石縫隙或水草中，一動也不動，雖然牠們沒有眼瞼，不會閉上眼睛，不過，那就是在睡覺。

但是鮪魚一生之中，從來沒有停下來過，而是游啊游啊游個不停，平均來說時速大約 7 公里。

跟人類的慢跑速度差不多。

一般巡游的速度，時速也有 18 公里左右。

跟腳踏車差不多。
喔喔！
才不會輸呢！

鮪魚不但有「海中子彈」的稱號，還是持久型的長泳健將，因為在嚴酷的海洋世界中，並不是快就可以了。經過長年的演化，鮪魚掌握了最適合生存的速度！

哈氏異糯鰻

悠哉悠哉扭來扭去

集體生活的細長魚類，身體有一半埋在沙裡面。

日文名直譯是「狆鰻」，因為長得像日本狆犬。

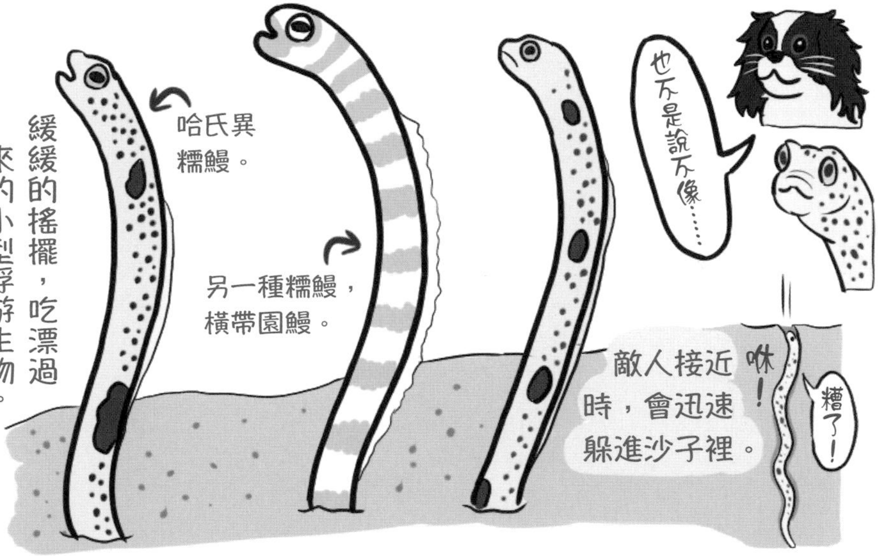

緩緩的搖擺，吃漂過來的小型浮游生物。
哈氏異糯鰻。
另一種糯鰻，橫帶園鰻。
也不是說不像……
敵人接近時，會迅速躲進沙子裡。
咻！
糟了！

有時會吃到漂過來的大便。

腹部的黑點處是肛門，肛門以下都是尾部。

尾部尖細而堅硬，能在沙子裡鑽洞。

有時會露出全身在水裡游泳。

動物資訊

在日本分布於高知縣以南溫暖海域的沙地裡。用尾部挖出洞穴後，身體會分泌黏液來鞏固沙穴。洞穴的深度有時會超過體長的兩倍。

體長 36 公分

哈氏異糯鰻像是隨風搖曳的植物，姿態優雅，沒想到……

分類 魚類、糯鰻科　食物 浮游生物　分布 西太平洋、印度洋

哈氏異糯鰻其實——

打起架來意外的激烈！

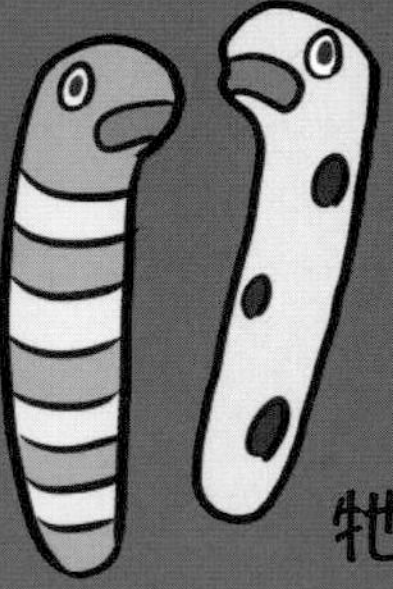

紀念布偶

哈氏異糯鰻在海洋生物博物館或水族館裡大受歡迎，還有柔軟又可愛的紀念布偶呢！

牠們平時相親相愛，一起朝向水流的方向，但其實牠們的領域性很強，經常會打起來。

有時候還會出現３～４隻糯鰻大混戰。

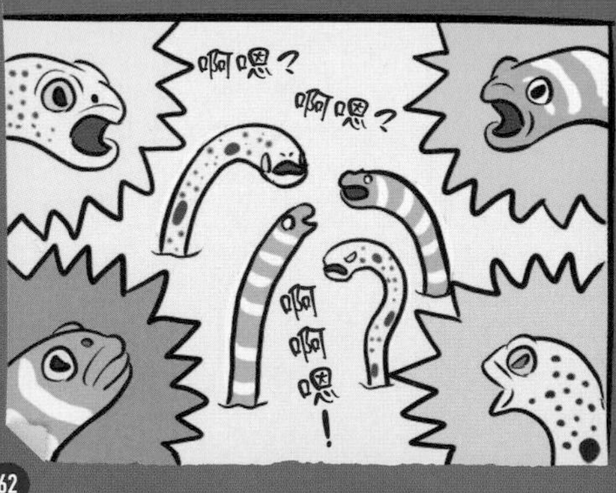

沒想到哈氏異糯鰻的生活這麼艱難，讓我們到水族館裡好好欣賞吧！

食人魚

嗜血的殺人魚？

分布在熱帶，牙齒像刀子般銳利的魚類！

牙齒跟鯊魚的很像。

嘴巴的咬合力很大，是體重的三倍！

嗅覺非常敏銳，能嗅到血的氣味。

各種食人魚

紅腹食人魚
腹部紅色。

黑色食人魚
最大可達 50 公分。

巨型黃腹食人魚
個性非常粗暴。

食人魚很可怕，會成群攻擊掉在河裡的動物或人，把牠們啃到只剩下骨頭，沒想到……

動物資訊

棲息在南美洲河流的食人魚，能用牙齒或魚鰾發出好幾種聲音，彼此互相溝通。有些聲音用來威嚇，用人類的話來說，就是「走開」！

體長 30 公分（紅腹食人魚）

分類 魚類、鋸脂鯉科　食物 魚、死掉的動物　分布 南美洲

聲名狼藉的食人魚——
其實非常膽小！

基本上是小心翼翼而且非常膽小的魚。有東西掉進河裡時，牠們跟大部分的魚類一樣，會很慌張的逃走。

（不過，牠們會因為血而興奮，落水的動物只要有出血就可能刺激牠們而遭受攻擊。）

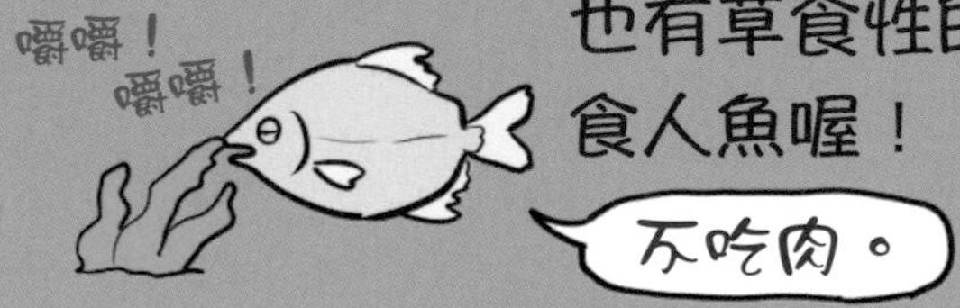

也有草食性的食人魚喔！

食人魚的恐怖形象其實是電影和電視節目塑造出來的。

有時候會被鱷魚或是淡水海豚吃掉。

恐怖！突擊採訪食人魚！
Q請問你喜歡肉嗎？
當然喜歡啊！

褐擬鱗魨

巨大的珊瑚礁魚類

生活在海底的大型魚類。

日文名直譯是「麻斑鱗魨」，因為幼魚階段身體的花紋很像芝麻。

會用銳利的牙齒吃珊瑚、螃蟹、蝦子或海膽等。

分類上屬於「鱗魨科」，這一科的魚類多半有漂亮的紋路。

花斑擬鱗魨

斜帶吻棘魨

阿氏吻棘魨

褐擬鱗魨平常的時候安靜又膽小，沒想到……

動物資訊

黃黑交雜的鮮豔魚類，不會成群，通常是一隻單獨游泳。能卡滋卡滋的咬碎海膽等堅硬的獵物，是因為牙齒非常銳利，而且嘴像鸚鵡的嘴喙那樣強而有力！

體長 75 公分

分類 魚類、鱗魨科　食物 珊瑚、螃蟹、貝類、海膽　分布 西太平洋、印度洋

褐擬鱗魨其實是——
潛水的人最害怕的魚類！

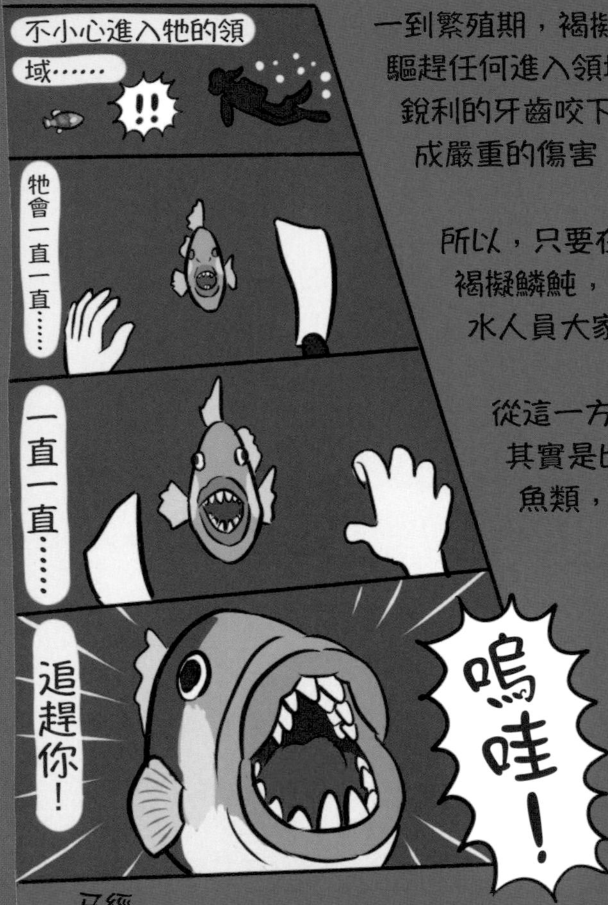

不小心進入牠的領域……
!!
牠會一直一直……
一直一直……
追趕你！
嗚哇！

一到繁殖期，褐擬鱗魨就會非常執拗的驅趕任何進入領域的動物或人，還會用銳利的牙齒咬下去，有時候會對人造成嚴重的傷害！

所以，只要在海中看到護卵中的褐擬鱗魨，「趕快逃」就是潛水人員大家一致的鐵則。

從這一方面來看，褐擬鱗魨其實是比鯊魚還要可怕的魚類，不容小覷！

好痛！
連潛水衣都會被咬破。

已經沒事了。

人只是接近而已就遭受攻擊，這麼有攻擊性的海洋動物其實很罕見，由此可知，褐擬鱗魨非常拚命的在保護下一代呢！

附帶一提，褐擬鱗魨的英文名是 titan triggerfish，titan 是巨人的意思。

＊ 仿自日本漫畫《進擊的巨人》。

鴛鴦

廝守終生的愛情鳥？

繁殖期的鴛鴦公鳥羽色非常華麗！

夏天時羽毛脫落、更換，
公鳥也變得很樸素。
夏日時光！
這樣也
不錯。

公、母鴛鴦冬天時會成雙成對，相依相偎過日子。

嗚！
嗚！
投胎轉世。
苦命鴛鴦！

傳說在中國春秋時代有一對非常恩愛的夫妻，命運悲慘，被迫拆散。死了之後，墳墓旁的樹上停棲著一公一母兩隻鴛鴦，整天不停的哭泣。

現在，一般常會用「鴛鴦」來比喻夫妻或是象徵愛情，但是沒想到……

動物資訊

以全球的觀點來看，鴛鴦是只分布在東亞的珍稀鳥類，在日本全年可見，臺灣有遷徙來度冬的族群，也有留鳥。巢築在高高的樹洞裡，雛鳥從蛋孵化出來後，會很勇敢的從樹洞一躍而下，跳到地面上。

體長 45 公分

分類 鳥類、雁鴨科　食物 殼斗科的果實、昆蟲、種子　分布 東亞

鴛鴦其實是——
年年更換配偶！

鴛鴦乍看之下非常恩愛，事實上牠們成雙成對的關係只維持到產卵之前而已！

現實中的鴛鴦，每年繁殖都會更換伴侶。

公鴛鴦在母鴛鴦產卵後就會離開，隔年再度繁殖時，母鳥會去找別的對象。也就是說，鴛鴦配對的期間其實連短短的半年都不到呢！

你也許覺得牠們根本是「露水夫妻」，不過對鴛鴦來說，這種繁殖方式很天經地義。

附帶一提，

鵰、鷲等猛禽的配對是終生的，一輩子都跟同一個配偶在一起。

遊隼

速度最快的猛禽

飛行速度超快的鳥類！

從空中攻擊獵物。

會在高樓大廈的頂樓築巢育雛。

可能是因為環境跟原本棲息的懸崖峭壁很像。

急速俯衝的瞬間時速可達 300 公里！

咻——
不要跟來啦！

目前日本新幹線最高時速為 320 公里。

特殊的鼻子構造讓遊隼在高速移動時也能呼吸。

這種設計應用在噴射引擎的進氣口上，提升了飛機的速度。

霸氣十足的遊隼是猛禽的代表，可是沒想到……

動物資訊

跟鷹、鵰以及貓頭鷹等一樣屬於猛禽，都用銳利的爪子狩獵。通常停棲在懸崖峭壁等高處，當鴿子、燕子等獵物靠近的時候，就高速俯衝而下，撲擊獵物。

體長 41 公分（公）、49 公分（母）

抓取鴿子駕輕就熟。
一點也不輕。
啊！

300～500 公克

分類 鳥類、隼科　食物 鳥　分布 世界各地

遊隼其實——
跟鸚鵡的親緣比較近！

長久以來一直認為遊隼和鷹、鵰等猛禽是同類，但是近年來的研究發現，牠們和鸚鵡、麻雀的血緣關係比較近。

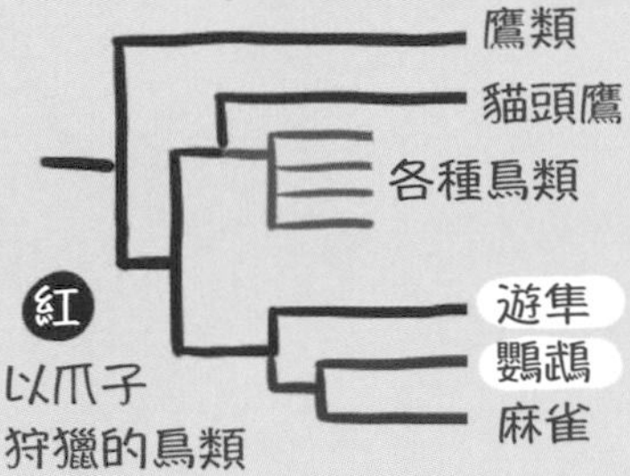

遊隼頭骨的形狀與構造，和鷹類有極大的差異。

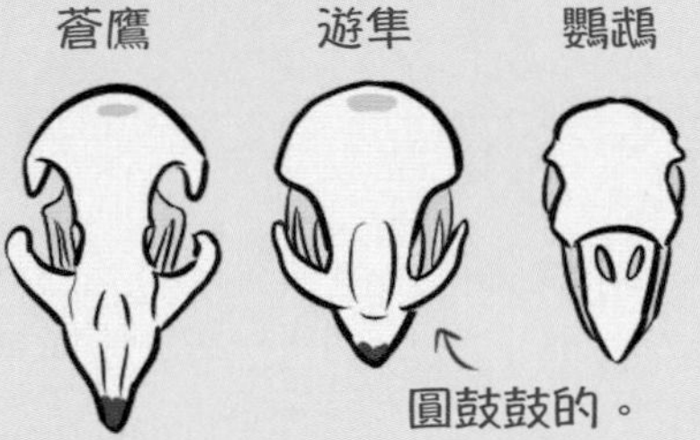

從 DNA 的研究結果得知，遊隼和鷹類純粹是「剛好」長得很像而已！

換句話說，就是一種「趨同演化」：狩獵方式很像，外觀於是演化成相似的模樣。就算是這樣，遊隼依舊是全世界最快且最帥氣的鳥類！

禿鷲

大自然的清道夫

以動物死屍為主食的大型鳥類！

用銳利的嘴喙撕開動物的屍體。

專門吃死掉的動物，這樣動物的屍體才不會腐壞並長久棄置。

禿鷲的胃酸酸性很強（pH 值 0～1），連金屬都能溶解，可殺死屍體腐肉上的細菌。

盡責的扮演自然界中「清道夫」的角色，整體來說，牠們比那些肉食動物吃掉更多肉。

狗的胃酸 pH 值約 4.5，醋的 pH 值約 2.4。

體長 98 公分（白背兀鷲）

動物資訊

禿鷲在非洲和亞洲一共有13種，日本經常出現迷途的禿鷲，臺灣偶爾也會發現。禿鷲的視力非常好，能夠一邊在天空盤旋一邊尋找地面上的動物屍體。

分類 鳥類、鷲鷹科　食物 動物死屍　分布 非洲等

禿鷲會禿頭其實是——

為了預防生病，保持健康！

禿鷲的頭上為什麼沒有羽毛？
這其實是有理由的……

禿鷲經常把頭伸進動物屍體裡面吃肉或內臟，一吃東西就會沾黏到髒汙的血或肉屑。

要是頭上長了許多羽毛，羽毛弄髒了就容易滋生細菌而引發疾病。

陽光普照！
日光直接照射在皮膚上，也有殺菌效果。

頭上沒有長羽毛，生病機率就大大減少！

另外，禿鷲的頭部防水性也很好。禿頭跟其他鳥比起來也許不漂亮，卻能保持身體健康。

紅 鸛（俗稱紅鶴）

粉紅色火焰

脖子細長，全身羽毛粉紅色的大型水鳥！

嘴喙向下彎曲，濾食水中的浮游生物。

英文名源自於拉丁文的「火焰」，形容羽毛像火焰燃燒的顏色。成群生活，一群多達數千隻，甚至 100 萬隻！

成群起飛的光景真是絕美至極！

嘴喙裡有類似濾網的構造，能排出水而留下浮游生物。

平衡感非常好，睡覺是單腳站立。

攝食的時候，會把嘴喙上下顛倒放進水裡。

體長 145 公分

動物資訊

全世界有六種紅鸛，主要分布在非洲和南美洲的高山。求偶時，脖子會像揮旗子那樣左右轉動，或是展開翅膀以優雅的舞姿跳舞。

分類 鳥類、紅鸛科　食物 甲殼類、藻類　分布 非洲、南美洲等

＊ 仿自芭蕾舞劇《天鵝湖》。

紅鶴其實——
原本不是粉紅色的！

紅鶴孵化出來時是灰色的，雛鳥換羽之後變成白色。沒錯，紅鶴並不是一開始就是粉紅色的！

牠們吃下的浮游生物和藻類含有某些色素，因而讓身體逐漸變成粉紅色。要是食物裡沒有這些色素的話，羽毛很快就會回復成白色。

光靠吃東西就能改變顏色？你可能覺得很不可思議，不過，人類也一樣喔，如果持續吃紅蘿蔔、南瓜等含有胡蘿蔔素的食物，皮膚也有可能變成橘黃色。

吃什麼像什麼，不管是人類還是動物都一樣！

紅鶴戰隊*

*仿自日本電視影集「超級戰隊」。

尼羅鱷

潛藏在水中的利牙

巨大又凶暴，惡名昭彰的食人鱷！

無論是魚類或水邊的鳥類、瞪羚等動物，從鯊魚到人類，全都一視同仁的攻擊、吞食！

絕招是「死亡扭轉」。

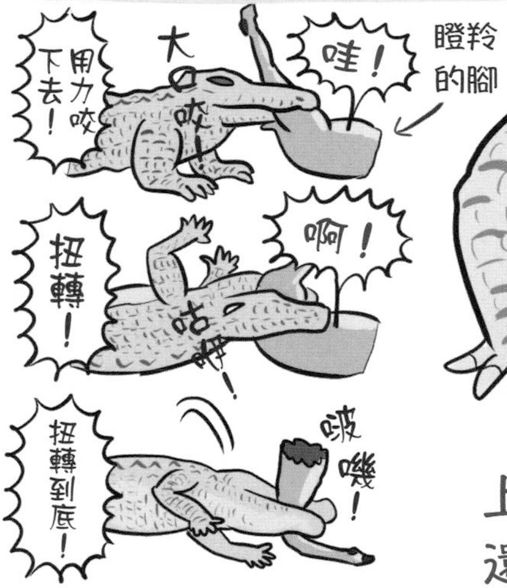

咬合力是陸地上最強的，比老虎和獅子還要強一倍以上！

體長 4～5.5 公尺

動物資訊

又稱為「非洲鱷」。母鱷會在地面挖洞產卵，一次大約生50顆蛋，還會在一旁守護，直到蛋孵化為止。鱷魚媽媽會把剛孵化的寶寶叼在嘴裡，搬運到安全的水中。

鱷魚「饑」餓鱷魚惡！

分類 爬行類、鱷科　食物 魚、哺乳類等　分布 非洲等

凶暴的尼羅鱷——
在水中的站姿其實很可愛！

尼羅鱷露出水面的頭雖然很可怕，如果換一個角度，從水中來看的話……

嘎嘎嘎！
噓
肺位於前腳附近，能像魚鰾那樣調控浮力。

居然是用兩隻後腳站著！

身體放鬆時就會採取這種姿勢。

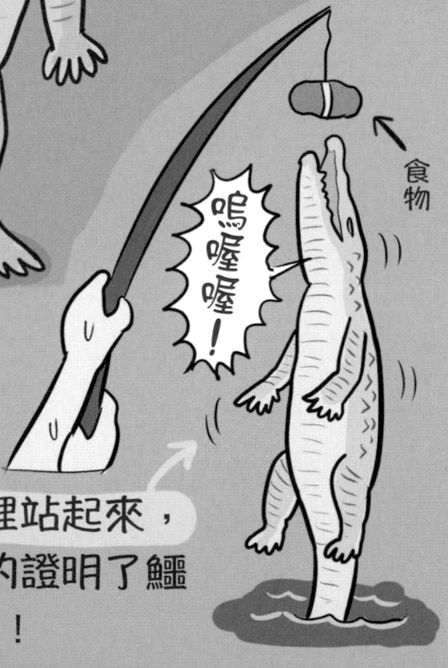

尾巴能像腳一樣支撐身體，有人目擊到鱷魚用尾巴從河裡站起來，挺立的站姿活生生的證明了鱷魚的肌肉非常有力*！

* 並不是一直站著，只維持幾秒鐘而已。

革龜

超重量級的古生物

地球上最大的龜類，生活在海洋中，外觀從一億年前到現在幾乎沒有改變。

已滅絕的古代海龜「古巨龜」

歷經恐龍滅絕時期，存活至今。

雖然是龜類卻沒有堅硬的外殼，背部摸起來像橡膠。

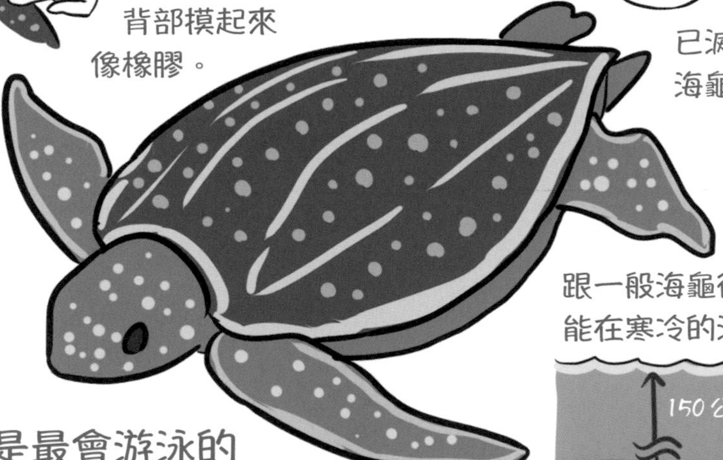

跟一般海龜很不一樣，能在寒冷的深海活動。

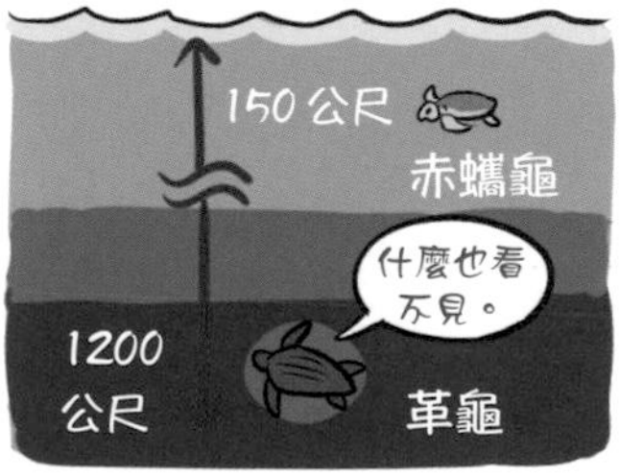

是最會游泳的海龜，時速超過 20 公里。

平均 1000 隻中只有 1 隻能順利長大成「龜」。

是最會潛水的海龜，可潛到 1200 公尺深。

動物資訊

在世界各地熱帶和亞熱帶的海域中游來游去，即使在水溫低於15℃的冰冷海水中也能游泳。巨大的身體總是動個不停而讓牠們的體溫保持得比水溫高。

體長 120 ～ 190 公分

就是牠了！
請載我到龍宮。
請找其他海龜。

分類 爬行類、革龜科　食物 水母等　分布 太平洋、大西洋、印度洋

沒想到，革龜的口腔——
居然超級恐怖！

革龜的嘴裡長滿乳頭狀的尖刺！

這種特殊的構造是為了要捕食軟軟滑滑的水母，防止水母逃脫。

這些刺狀突起一直延續到喉嚨深處，就像輸送帶一樣把水母運送到胃部。

水母的熱量很低，為了獲得充足的養分，革龜必須大量的吃，每天吃掉的水母足足有體重的73%那麼重！

革龜也會吃螃蟹、魷魚、魚類，但主要的獵物還是水母。因此，革龜的肉含有水母的毒素，人吃了可能會中毒。

正如「美麗的玫瑰都帶刺」，巨大的海龜也帶刺……還有毒！

赤蠵龜

最常見的海龜

所有海龜當中，數量最多的種類！

由於適合產卵的沙灘愈來愈少，有些地方的赤蠵龜面臨了滅絕的危機。

英文名為
Loggerhead
笨蛋 頭

游泳的最高時速為每小時 25 公里。

（人類的游泳選手時速為 7 公里。）

吃水母、貝類、魚類等。對毒素的耐受性高，能吃含有劇毒的水母。

成年的雌龜會游數千公里回到自己孵化的沙灘產卵。

能感應地球的磁場，判斷自己所在的位置或原先誕生的海灘。

赤蠵龜就是日本民間故事《浦島太郎》* 主角騎乘的海龜……

動物資訊

除了上岸產卵之外，終生都在海中生活。前肢扁平像船槳一樣，非常適合撥水游泳。雖然是龜類，但是頭和四肢沒辦法縮進殼裡！

體長 1 公尺

分類 爬行類、蠵龜科　食物 水母、魚、貝類　分布 世界各地的溫暖海域

* 名叫「浦島太郎」的少年救了一隻海龜，海龜為了報恩便載他到海底的龍宮遊玩，少年受到龍宮公主「乙姬」熱情的款待。返回陸地時，乙姬送他一個寶箱，囑咐他不能打開。

現實中，赤蠵龜背上載的——
其實是微小的甲殼類！

居然發現了在海龜殼上生活的新種甲殼類！

是一種類似蝦子的動物，在分類上屬於「原足目」。

這種甲殼類就以騎乘海龜到龍宮去的「浦島太郎」來命名，叫做「浦島囊蝦」。

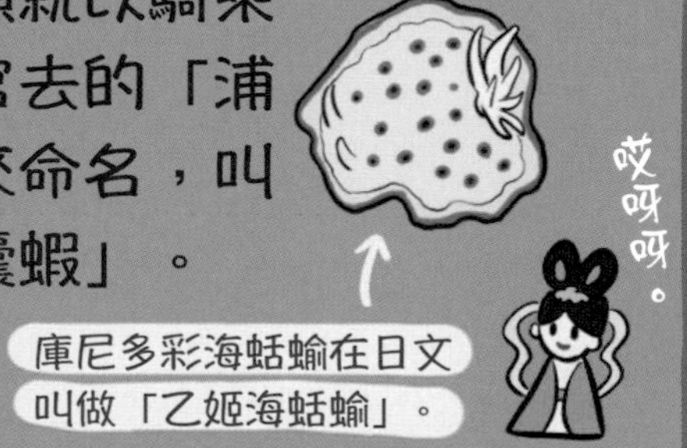

哎呀呀。
庫尼多彩海蛞蝓在日文叫做「乙姬海蛞蝓」。

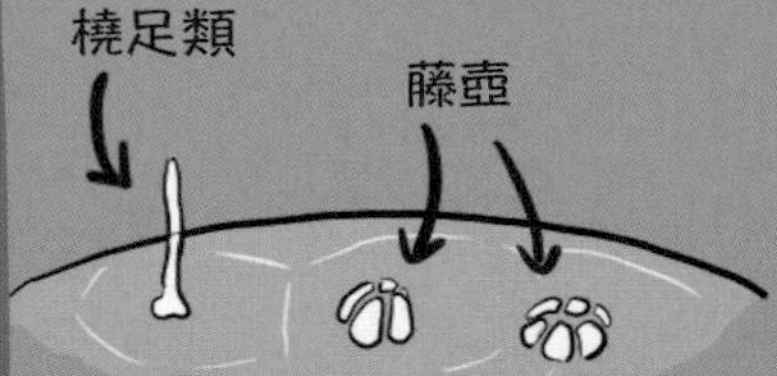

橈足類
藤壺

海龜殼上住著各式各樣微小的生物，關於牠們的生態習性目前仍然一知半解。

海龜的殼就像是裝滿了未知之物的百寶箱啊！

大虎頭蜂

無敵的殺戮機器

世界最大的虎頭蜂！

飛行迅速，時速可達 40 公里，獵物很難逃得掉。

凶暴而且具有劇毒，可說是最危險的動物！

日本每年約有 20 人死於大虎頭蜂螫叮，遠多於熊造成的死亡人數。

會用強而有力的大顎切碎獵物。

滾開！
喀嘰！喀嘰！

也會用大顎發出聲響來威嚇敵人。

用腹部末端的螫針注入毒液。

喔！
咚嘶！

要不要進攻？
噗嚕！
噗嚕！
噗嚕！

咕哇！

戰鬥力可說是昆蟲界最強的！只有 30 隻大虎頭蜂，也能在幾小時內殲滅三萬隻蜜蜂。

動物資訊

巢築在地面的土穴裡，人往往沒注意而踩到，因而遭受攻擊。螫針由產卵管特化而成，所以只有雌蜂才會螫人。雄蜂只在繁殖時期出現，數量非常少。

體長 27 ～ 37 公釐（工蜂）、50 公釐（蜂后）

分類 昆蟲、胡蜂科　食物 花蜜、樹液、昆蟲　分布 日本、臺灣等東亞地區

即使是最強的大虎頭蜂——也會受到蜜蜂死命的反擊！

昆蟲當中戰鬥等級最強的大虎頭蜂和弱小的蜜蜂，兩者根本無法一較高下吧？

這是在幹嘛！

但是沒想到，大量的蜜蜂把大虎頭蜂團團圍住，形成了一顆「蜂球」……

嗚哇！
嗡！
嗡！
嗡
嗡！
嗡
嗡
這種戰術叫做「熱殺蜂球」！

蜜蜂振動身體的肌肉讓體溫上升，蜂球的溫度愈來愈高，高達46℃，把包在裡面的大虎頭蜂蒸熟了！這是亞洲地區的蜜蜂特有的作戰方式。

大虎頭蜂雖然是壓倒性的強大，但是單一個體的強大並不是決定勝敗唯一的關鍵……看起來昆蟲世界也有深奧的地方呢！

裸海蝶

冰海中的天使

分布在北冰洋等寒冷海域的浮游生物。

身體透明，可以看見內部的消化器官。

小時候有殼，長大後外殼會退化，跟蝸牛、螺類等軟體動物是遠親。

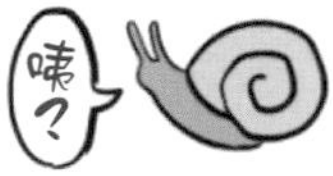

浮游貝類「駝蝶螺」具有透明的外殼和翼足，游動時好像飛舞的蝴蝶一樣，俗稱「海蝴蝶」。裸海蝶跟駝蝶螺很像，但是沒有殼，所以在名字前面加上「裸」字，意思就是「無殼的海蝴蝶」。

游動時會擺動很像翅膀的腳，也就是「翼足」，姿態優雅，就像是天使在飛行。

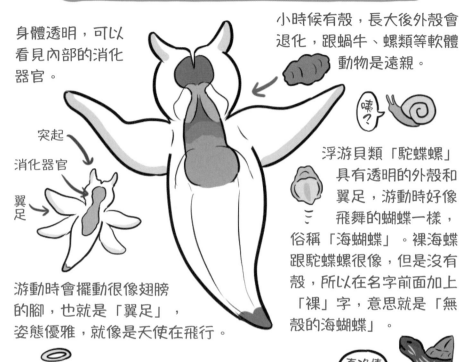

裸海蝶因為美麗優雅的模樣被稱為「海天使」，沒想到……

動物資訊

裸海蝶其實有五種，在日本通常是指冬天出現在北海道的種類，是裸海蝶當中體型最大的。2017年才在日本富山灣發現的新種裸海蝶，是世界第五種裸海蝶。

體長 4.5 ～ 4.7 公分

分類　軟體動物、海若螺科

食物　蟠虎螺

分布　北冰洋等

冰海天使裸海蝶——
居然是用觸手捕食！

優雅漂浮的裸海蝶，捕食畫面卻相當嚇人！

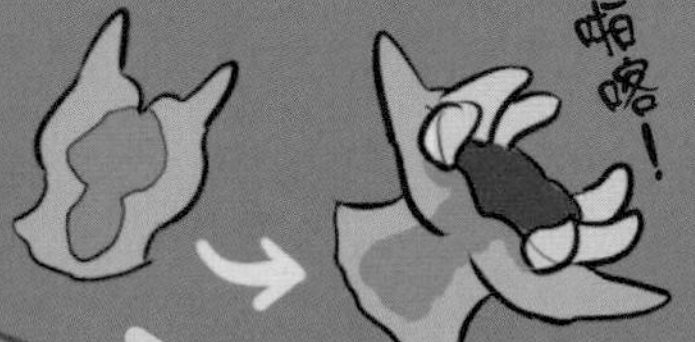

頭部啪喀的打開，伸出六條觸手狀的「口錐」捕捉獵物。

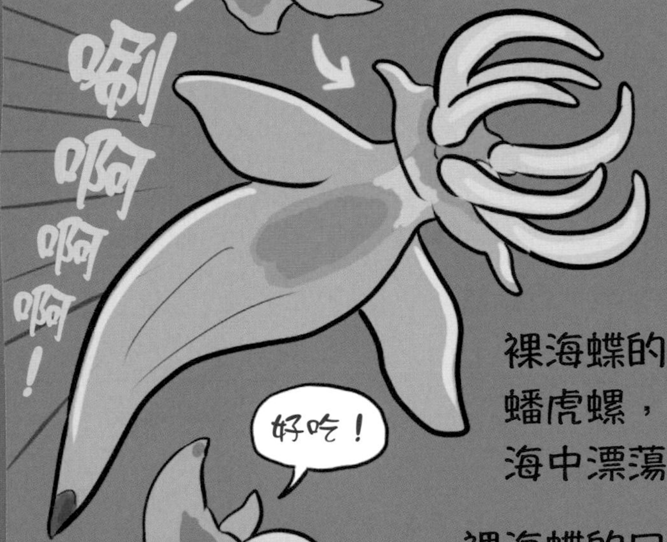

裸海蝶的獵物是蟠虎螺，也是在海中漂蕩的軟體動物。

裸海蝶的口錐會像爪子一樣抓住蟠虎螺的殼，把殼裡的肉拖出來吃。

不過，裸海蝶只要半年至一年進食一次就能存活了……也許是牠們不太喜歡無謂的殺生吧！

蚊子

惱人的鄰居

刺耳的振翅聲、讓人發癢的叮咬、既討厭又熟悉的吸血昆蟲！

會吸血的只有要產卵的雌蚊而已。

會發出嗡嗡聲是因為翅膀快速拍動，每秒高達800次，是其他昆蟲的一倍以上！

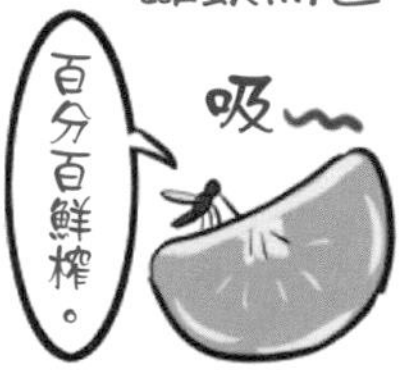

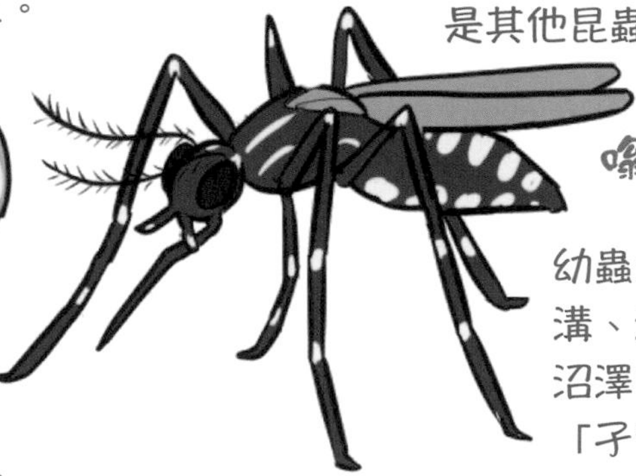

平時吸食花蜜或是果實的汁液。

幼蟲生活在水溝、池塘或是沼澤中，稱為「孑孓」。

用來刺吸的口器其實是六根細針！

最古老的化石是1億7000萬年前……

叮咬時會注入唾液。蚊子的唾液會引發過敏，所以我們被叮咬的地方會紅腫發癢。

屬於侏羅紀，換句話說，蚊子從恐龍時代就存在了。

動物資訊

全世界大約有2500種蚊子，日本大約100種，臺灣約有140種。昆蟲一般有四片翅膀，但是蚊類的後翅退化，只有兩片翅膀。雌蚊吸到的血含有養分，能讓卵發育成熟。

體長 1～15公釐

蚊子不過就只是小昆蟲，沒想到……

分類 昆蟲、蚊科　食物 花蜜、果實的汁液　分布 世界各地

蚊子其實是──
人類最強的敵人！

地球上最致命的生物居然是蚊子！

蚊子雖然不會像鯊魚或獅子那樣讓人受重傷，但是被蚊子叮咬後感染病原體而喪命的人數，每年竟然高達100萬人！

所以蚊子對人類來說是最糟糕的害蟲，也可以說是最強的敵人。

嗡 嗡 嗡
嗡 嗡！
哼！愚蠢的人類，以為能夠戰勝我嗎？
老大爭奪戰！

嗡
你提高警覺呀！
好吵喔。

有人認為，人類的聽覺已演化成能分辨蚊子的嗡嗡聲並覺得聲音「危險且令人不愉快」而提高警覺。

話說回來，蚊子畢竟是大自然的一部分，仔細了解牠們的生態習性，才是最好的對策吧！

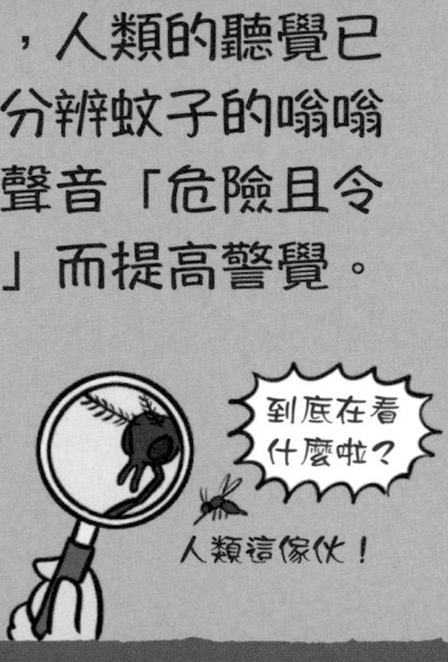

到底在看什麼啦？
人類這傢伙！

亞馬遜巨人食鳥蛛

可怕的劇毒蜘蛛？

渾身毛茸茸的巨大型蜘蛛！

身體和腳都長滿了毛！

這類多毛的大型蜘蛛現在統稱為「毛蜘蛛」（tarantula），不過 tarantula 這個字最早在歐洲是用來指稱「狼蛛」。

會噴出極細的毛來攻擊。

尖銳的毒牙輕易就能咬穿塑膠。

智利紅玫瑰毛蜘蛛

金屬藍蛛

毛蜘蛛有許多色彩鮮豔的種類。

體型龐大，八隻腳展開將近 30 公分寬，體重可像剛出生的小狗那麼重。能捕食小型的鳥，所以稱為「食鳥蛛」。

不結網捕食而是直接攻擊。

給人的印象是可怕而且身懷劇毒，沒想到……

動物資訊

南美洲部分地區，有些人會吃亞馬遜巨人食鳥蛛：先用火把身體表面的毛燒掉，再用香蕉葉包起來蒸熟，據說吃起來味道跟蝦子差不多。

體長 10 公分

其實是很受歡迎的寵物。

分類 蜘蛛、捕鳥蛛科　食物 昆蟲、小鳥等　分布 南美洲北部

毛蜘蛛其實是——
無辜頂罪的！

認為毛蜘蛛具有可怕的毒性，其實是誤解！

現今英文所說的 tarantula（毛蜘蛛），毒性對人類來說並不強，比蜂類的毒還弱。

歐洲原本用 tarantula 來稱呼狼蛛的地方，有蠍子也有黑寡婦蜘蛛，當地人被牠們螫傷而死亡，卻誤以為是 tarantula 造成的，產生了深深的恐懼。之後隨著時代變遷，這個字用來指稱毛蜘蛛，連帶的毛蜘蛛就成了令人聞風喪膽的毒蜘蛛。

外表看起來很可怕，不代表牠們就很危險。不過，毒牙和毛的攻擊還是會造成傷害，一定要多加小心注意。

＊仿自日本電影《嫌豬手事件簿》，片名直譯是《即使這樣也不是我做的》。

蝦夷扇貝

來自北方海域的美食

分布在北方海底的大型雙殼貝類。

廣為人知的美味食材，日本產量最多的地方是在北海道。

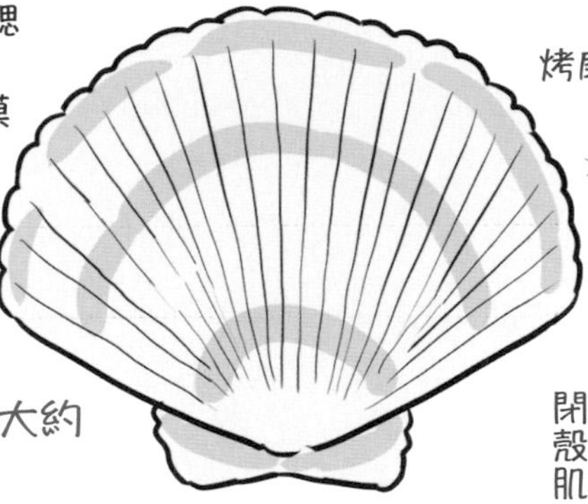

外殼就像樹木的年輪一樣，可以看出年齡。野生的扇貝壽命大約10～12年。

外套膜邊緣分布著大約80個小型的眼睛，可感測光線的明暗，察覺到海星等天敵接近。

印象中扇貝是靜靜躺在海底的貝類，沒想到……

動物資訊

也會潛到20～30公尺深的海底。出生第一年全部都是雄性，第二年有一半會轉變成雌性。要分辨性別很簡單：打開扇貝觀察，生殖腺紅色的是雌性，白色是雄性。

體長 20 公分

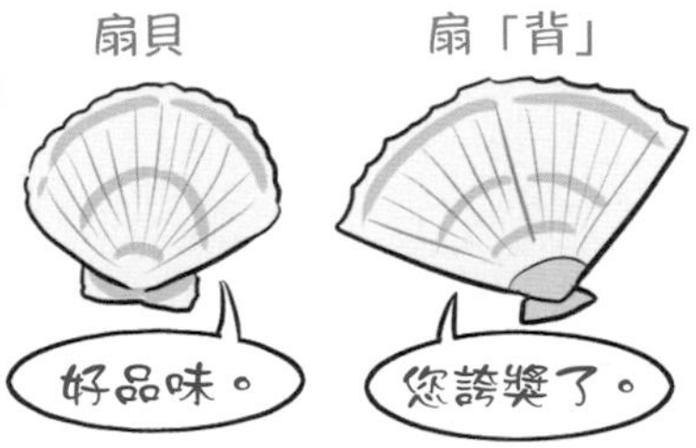

分類 貝類、海扇蛤科　食物 浮游生物等　分布 太平洋、日本海等

蝦夷扇貝其實是──
游泳高手，會噴射前進！

平時靜靜不動，章魚或海星等敵人接近時，就噴射海水產生推進力而快速逃走！

移動的速度可達秒速 60 公分！

神鬼奇航
扇貝海盜*

蝦夷扇貝的日文名直譯是「帆立貝」，因為以前認為牠們會豎起一片殼，像帆船揚起帆那樣游泳移動。

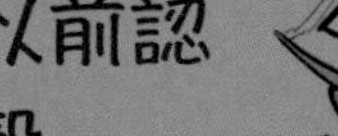

蝦夷扇貝鮮甜甘美，引人覬覦，所以才需要迅速逃跑的技能吧！

＊仿自電影《神鬼奇航》。

澳洲箱形水母

主要分布在澳洲的殺人水母

一百多年來已經導致好幾千人死亡，是地球上毒性最強的水母！

一般的水母沒有眼睛，只會在海上漂而已。

這樣就好了嘛！

啊！

澳洲「小心水母」的警告標誌。

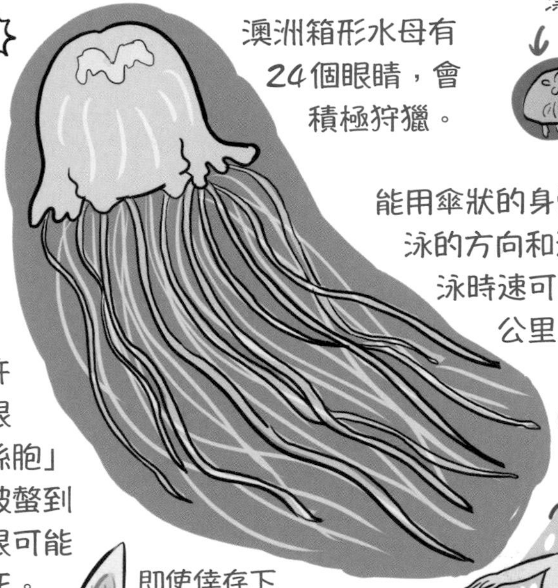

澳洲箱形水母有24個眼睛，會積極狩獵。

能用傘狀的身體控制游泳的方向和速度，游泳時速可達5～7公里。

會從觸手上許許多多細小且肉眼看不見的「刺絲胞」釋出毒素。人被螫到會劇烈疼痛，很可能因此休克而溺死。

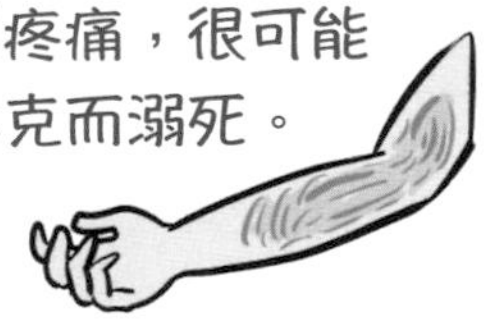

即使倖存下來，螫傷也會很嚴重。

一般人游泳的時速大約4.8公里。

英文名是sea wasp，意思是「海裡的黃蜂」。

動物資訊

全世界有兩種箱形水母，澳洲箱形水母是毒性最強的。觸手上的刺絲胞只要受到刺激，就會發射並釋出毒素，並不是由水母本身控制。

體長 30 公分（傘徑）

安全了！
不要在海上玩天鵝船。

分類 刺絲胞動物、箱形水母科　食物 魚、甲殼類　分布 澳洲等

澳洲箱形水母具有最強的毒素……
沒想到還是淪為海龜的盤中飧！

澳洲箱形水母即使是世界最毒的動物，遇到不怕水母毒素的赤蠵龜也完全沒輒，一口就被吃掉了！

吃起來很順口呢！
咻嚕！

嗚哇——

現在已經開發出可對抗水母毒素的解毒劑，海水浴場也會架設防止水母接近的防護網，種種對策有效的讓死亡事故減少了，也就是說，澳洲箱形水母的威脅正在逐漸降低。

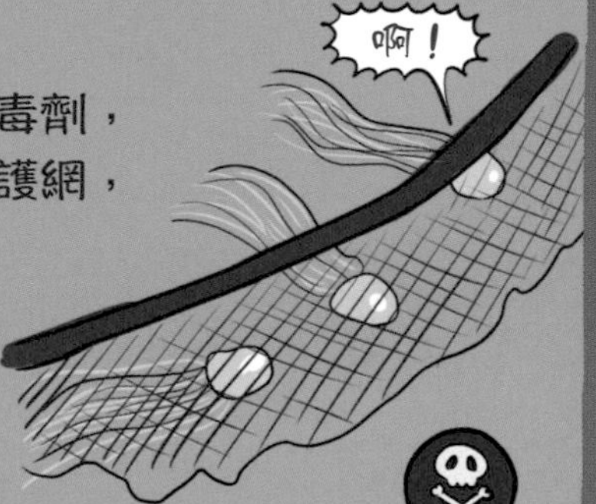
啊！

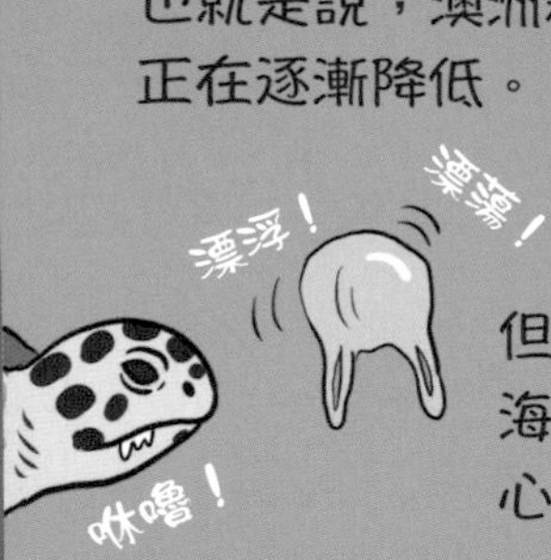
漂浮！
漂蕩！
咻嚕！

但是另一方面，會吃澳洲箱形水母的海龜有時會把塑膠袋當成水母，不小心誤食導致窒息或胃腸阻塞而死亡。

毫不在意就把垃圾丟到海裡的人，可能才是地球上最「惡毒」的生物吧！

哎呀！
敵不過人類。

第2章

不為人知的特技和特徵！

好厲害！

眾所皆知與不為人知的動物大小事

身懷絕技、無與倫比的動物！

生活周遭許多其貌不揚的動物，深入了解之後，才知道個個都擁有不為人知的厲害特徵或是驚人的絕技。地球上所有生物都是經過長久的演化，才能堅強茁壯的活著呢！

詳情請看 101頁

看似可愛的貓咪，其實功夫了得？

體型稍微有點大的貓？這麼一想，好像有許多具有高超絕技的「貓咪」存在呢！

提高狩獵成功率的獨家祕訣是……

螳螂之中居然有模仿花朵外形來捕食的種類，但是，牠們還有更多驚人的祕密？

詳情請看 135頁

看似平凡的小傢伙也能做出大事業？

安靜、樸素又低調的小河豚，竟然是新種河豚，而且會在海底建造很厲害的東西！

詳情請看 111頁

柴犬

最好的茶色朋友

日本最受喜愛的犬種！

個性穩重，對主人很忠實。

名字的由來眾說紛紜，有一種說法是毛皮顏色像乾柴。

自古以來，在日本是做為獵犬，協助人們狩獵。

英文名是 Shiba Inu，在世界各國也很受歡迎。

在距今一萬多年前的日本繩文時代遺跡中，發現了柴犬祖先的化石。

動物資訊

動作非常敏捷，是日本犬中飼養最多的。也有毛色純白的柴犬。東京澀谷車站的銅像「忠犬八公」看起來很像柴犬，但其實是體型比較大的秋田犬。

體長 40 ～ 45 公分

分類 哺乳類、犬科　食物 肉、人工飼料等　分布 日本

沒想到，柴犬居然——是 DNA 和狼最接近的狗！

分析各種狗的 DNA 之後，發現有幾個犬種的基因和狼很接近……

研究結果顯示，**所有犬種當中基因最接近狼的，居然是柴犬！**

同樣讓人跌破眼鏡的是，第二接近狼的居然是鬆獅犬！DNA 這種東西，真的是無法從外貌判斷呢！

非洲野犬

熱帶草原的馬拉松跑者

生活在非洲草原的犬科動物。

力氣比不過獅子等動物，但體力和耐力很優異，韌性簡直就像是馬拉松跑者。

耳朵又大又圓。

成群集體狩獵，會花很長的時間追趕獵物，等到獵物累了就撲上去攻擊、吃掉！

狩獵成功率高達 80%。
獅子只有 20 ～ 30%。

動物資訊

為了不讓獅子、鬣狗等動物搶走到手的獵物，進食的速度非常快。吃得飽飽的回到洞穴之後，會把食物吐出來給嗷嗷待哺的孩子吃。

體長 75 ～ 110 公分

外觀看起來很像鬣狗。

分類 哺乳類、犬科　食物 大型哺乳類、小動物　分布 非洲南部非洲野犬居然——

會用「打噴嚏」來投票表決，極度的社會化！

非洲野犬厲害的程度不是只有體力和耐力而已，牠們社會化的程度也非常高。

目前已經知道，在非洲波札那的非洲野犬會透過「打噴嚏」來表決，類似人類的投票行為。

牠們在狩獵之前會先聚集起來「開會」。

然後，依照集會的個體打噴嚏的次數來決定要不要去狩獵。不過，並不是單純的「少數服從多數」，而是領導者打的噴嚏比較有份量。

高度的社會化和溝通能力是牠們最強的武器。在強敵環伺的環境生活，方法真是無奇不有！

① 攻擊手腳，
阻止活動。
嗚哇！
② 從四方八方圍攻
負傷的獵物。
③ 大家一起拉扯，
把肉吃光！
好吃！
好吃！
嗚！

貓

全宇宙最受喜愛的動物

貓是人類最愛的動物，這句話一點也沒錯！

寵物貓以物種來說，稱為「家貓」，直接的祖先可能是中東野貓。

吃吧！
那是什麼呀？
啊！
老鼠

大約在 9500 年前，西亞地區的人開始飼養貓，到現在衍生出各式各樣的品種。

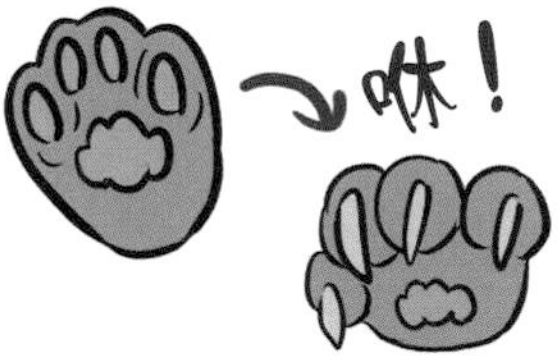
咻！

爪子能自由伸縮。全身肌肉很柔軟，即使從高處落下，也能咕咚一聲用腳著地。

啊——沒事！
10分
咕咚！

?

身上有黑、橘、白三種毛色的「三色貓」隱藏著驚人的祕密？

體長 40 ～ 50 公分

動物資訊

家貓的品種超過50種。牠們的舌頭表面很粗糙，理毛格外好用，野外的貓科動物也具備這樣的特徵。

分類 哺乳類、貓科　食物 人工飼料等　分布 世界各地

公的三色貓居然——
價值非凡，超乎想像！

三色貓幾乎全都是母貓，公貓非常罕見，因而在日本被視為幸運的象徵。大約三萬隻三色貓中才有一隻公貓，機率只有 0.003%！

這是因為毛色的基因與性別相關，也就是決定毛色的基因位於決定性別的染色體上。毛色為三色的基因組合，性別都是母的，除非染色體異常，否則三色貓基本上都是母貓。

在美國的拍賣會上，一隻三色公貓能夠賣到 2000 萬日圓！

附帶一提，家貓當中身價最高的品種是「阿希拉」，價值約 800～1380 萬日圓。不過，這個品種野性很強，沒辦法馴養得很好，所以不太適合飼養。

藪貓

貓科動物中的跳躍高手

四肢修長、姿態優雅的貓科動物。

也會跳起來襲擊空中的鳥類。

大大的耳朵能聽見獵物發出的小小聲音。

會跳起來撲殺獵物，大步一跳能夠跳2公尺高、4公尺遠。

偶爾會閉上眼睛靜靜傾聽。

很少在風很大的日子狩獵，因為獵物的聲音會被干擾。

貓耳鴞

夜間活動，因而被稱為「貓科中的貓頭鷹」。

全身漆黑的黑藪貓

較常在寒冷的地方發現。

因為黑色的身體比較容易吸熱。

體長 67 ～ 100 公分

動物資訊

腳很長，即使在很高的草叢中也能行動自如。之所以跳得又高又遠，是為了從不會引起鼠類注意的距離外發動攻擊。雖然稱為「貓科中的貓頭鷹」，但其實比較像狐狸。

美麗的藪貓也被當寵物飼養，沒想到……

分類 哺乳類、貓科　食物 小型哺乳類、鳥　分布 非洲撒哈拉沙漠以南

藪貓其實——
出「掌」超厲害！
藪貓會用腳掌
猛烈拍擊！
拍擊幾下就能
打死一條蛇。
喝！
啪噠！
咕哇！
跳起來閃過毒蛇
的攻擊。
咚
嘶
嗟
跟有毒的蠍子
戰鬥。
偶爾也會對人
出「手」。
欸！
對不起！
嘶嗯！
藪貓的生活真是出乎意
料的……很有攻擊性！

水豚

世界最大的「療癒系」鼠輩？

性情溫和，很受歡迎，是世界最大的齧齒類，跟老鼠同類！

齧齒類

老鼠、松鼠等擅長啃咬東西的動物。

主要生活在水邊。

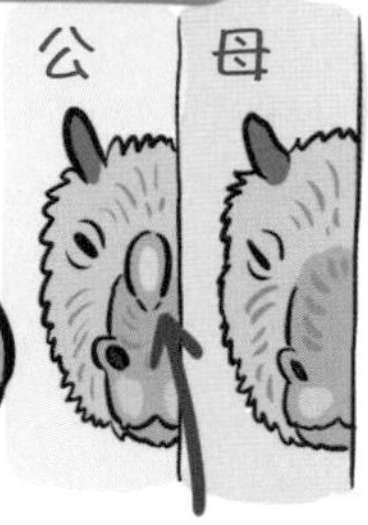

可從鼻子上方有沒有瘤來分辨公母。

身體覆蓋著又硬又長的毛，摸起來像鬃刷。毛即使濕了也很快乾。

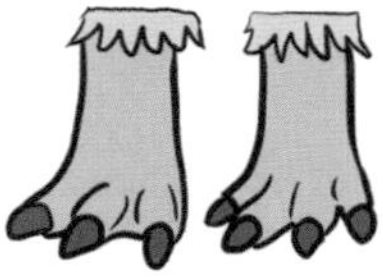

腳又粗又短。

屁股附近有個會讓牠很舒服的穴道。

撫摸水豚的屁股附近，有時牠就會躺下來。

動物資訊

分布在南美洲的河流、草澤等水域環境。野生的水豚大約20隻成群生活，雨量很少的乾季會聚集到還有水的湖泊，有時會變成數量超過100隻的大集團。

體長 106 ～ 134 公分

分類 哺乳類、豚鼠科　食物 草、葉子、樹皮、果實　分布 南美洲

水豚的生活居然——
跟療癒系一點也沾不上邊！

跟療癒、心曠神怡的氣氛完全相反，野生水豚的生活充滿了危險！

在水豚生活的棲息地，陸上有美洲豹、森蚺，空中有康多兀鷲，水裡則有鱷魚……各類猛獸虎視眈眈環伺著，水豚的生活一點也不平靜。

另一方面，水豚的運動能力其實很優異！必要時，能夠以時速 50 公里的速度奔跑，跟馬路上行駛的汽車差不多快。牠們也非常擅長游泳，還能潛水憋氣長達 5 分鐘。

水豚並不是過著悠哉安閒的日子，而是在嚴酷險惡的大自然奮力生存，可以說是地球上最大的水陸兩棲「戰鬥系」老鼠！

駱駝

沙漠之舟

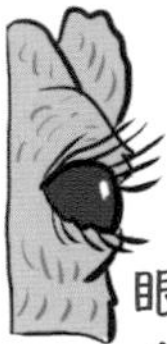

從 6000 年前開始，就是人類賴以橫越沙漠的交通工具。

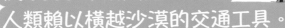

可以不喝水走上 160 公里。

眼睫毛很長，能防止沙子進到眼睛。

駝峰裡可以儲存 35 公斤的脂肪。

駝峰也能遮擋直射的陽光，防止身體變熱。

在灼熱的沙漠中不會流汗，能長時間把水儲存在體內。

一有機會就會盡量喝水，一次能喝下 135 公升！

雙峰駱駝主要分布在中亞地區。

動物資訊

野生的單峰駱駝已經滅絕了，現在的全都是馴化的「家畜」。駱駝的鼻孔可以閉合，防止風沙進到鼻子裡，而且腳趾又寬又大，行走時不會陷到沙子裡。

體長 3 公尺

分類 哺乳類、駱駝科　食物 草、枝條等　分布 印度北部、非洲

騎乘駱駝快速奔跑——
居然有這種大規模的比賽！

中東各國會舉辦極具特色的駱駝賽跑，不是賽馬而是賽駱駝！

駱駝跑步的速度可達時速 65 公里，快跑起來非常有震撼力。

獲勝的駱駝和騎師除了贏得榮譽以外，第一名的獎金居然高達數億日圓！

不准騎我！

不過，公駱駝在發情期會變得具有攻擊性，幾乎不讓人駕馭。而且雖然是馴養的駱駝，騎師在比賽過程中還是會面臨很大的危險，所以報酬才會這麼優厚吧！

基於安全上的考量，現在已經改用機器人來代替騎師騎駱駝比賽了。

還是一樣讓人生氣！
啪噠！
啪噠！
快跑啊！

鮣魚

愛搭便車的魚

會吸附在大型魚類或其他動物身上移動，是在水中搭便車的動物。

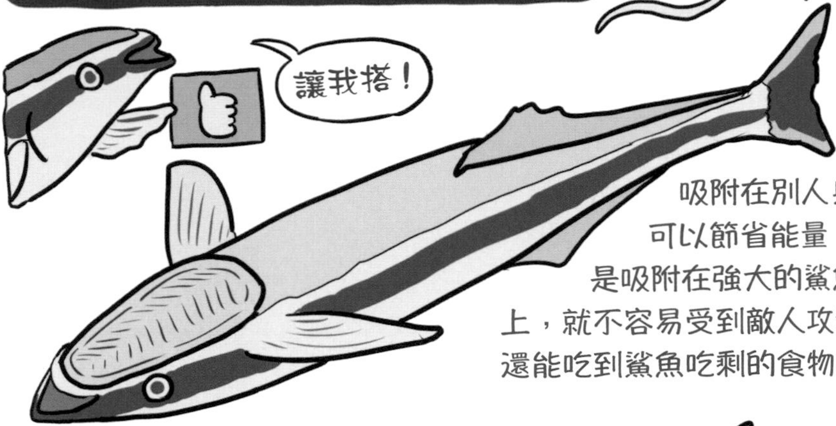

吸附在別人身上可以節省能量，要是吸附在強大的鯊魚身上，就不容易受到敵人攻擊，還能吃到鯊魚吃剩的食物。

頭頂有第一背鰭變形而成的吸盤，能緊緊吸附在其他魚身上。

有時會「滿載」。

橢圓形的吸盤像日本古時候用的金幣「小判」，所以，日文名直譯是「小判鮫」。

鮣魚看起來好吃懶做，沒想到……

動物資訊

鮫指的是鯊魚，日文名有「鮫」字是因為身體形狀很像鯊魚，不過牠們跟鯊魚完全不同類。吸附在魚身上的通常是未成年的個體，成熟之後有些會自己游泳生活。

體長 100 公分

其實跟鯛魚、鰺魚的親緣比較近。

分類 魚類、鮣科　食物 甲殼類等　分布 東太平洋以外的世界各地溫暖海域

鮣魚居然——
對大家都很有幫助！

鮣魚看起來老是在搭便車，但是牠其實會幫忙吃寄主身上的寄生蟲，所以對被搭便車的動物來說，也是有好處的。而且鮣魚對人類也很有幫助！

鮣魚的吸盤吸力非常強，不論寄主怎麼游泳、擺動，甚至跳出水面……任何的動作都沒辦法甩掉牠。

想擺脫討厭的鮣魚而跳躍的海豚。

科學家以鮣魚為靈感，開發出具有強力吸盤的機器魚，能夠承受自身體重 340 倍的重量而不會脫落。

讓這樣的機器魚吸附在鯊魚或海豚身上，就能獲取許多詳盡的數據。

正在記錄數據！
嗶—
煩人的東西增加了嗎？

鮣魚雖然有點煩人，但是牠們的能力卻充滿了無限的可能性。

射水魚

水面下的神槍手

能用嘴把水像發射子彈那樣噴射出去，擊落獵物！

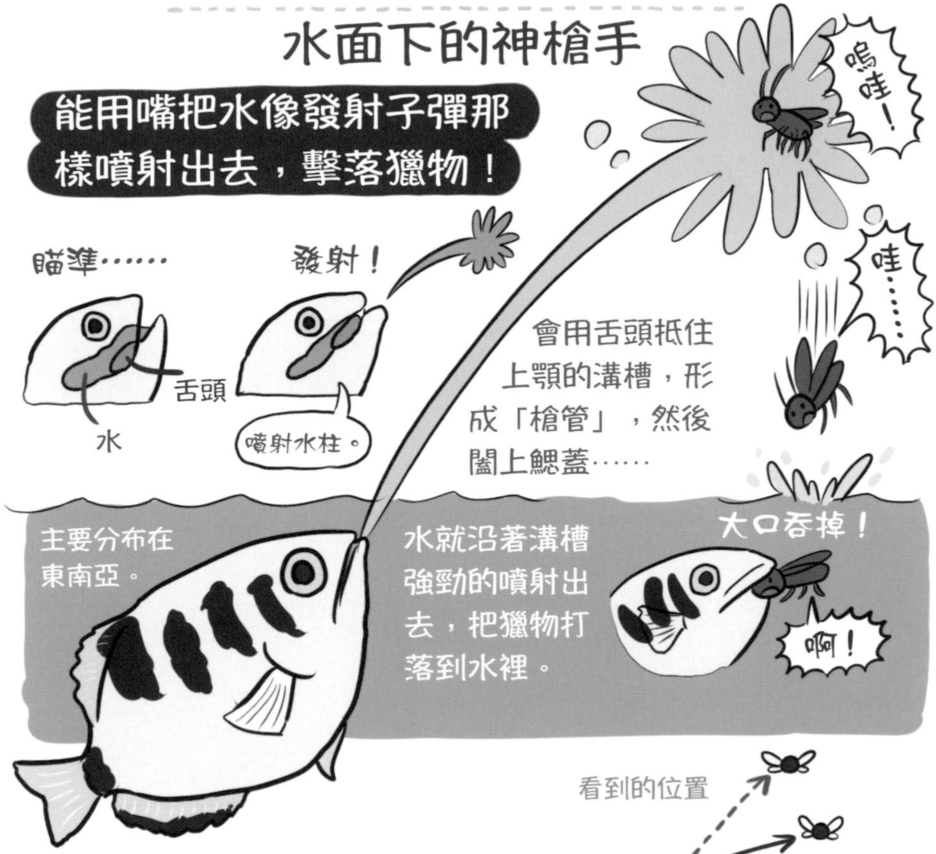

瞄準……
發射！
舌頭
水
噴射水柱。
嗚哇！
哇……
會用舌頭抵住上顎的溝槽，形成「槍管」，然後闔上鰓蓋……
主要分布在東南亞。
水就沿著溝槽強勁的噴射出去，把獵物打落到水裡。
大口吞掉！
啊！

居然還能校正光線在水中折射造成的誤差，命中水面上兩公尺外的目標！

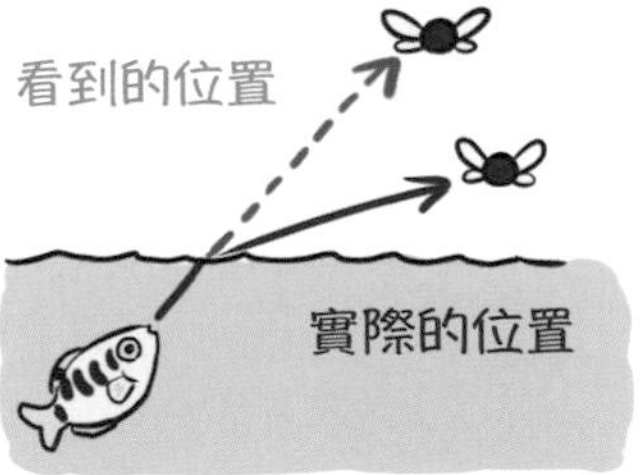

體長 15～25 公分

動物資訊

生活在河流出海口或紅樹林等淡鹹水混合的水域，在日本的西表島也有發現。獵物不只是陸地上的昆蟲而已，也會吃小魚或蝦等。

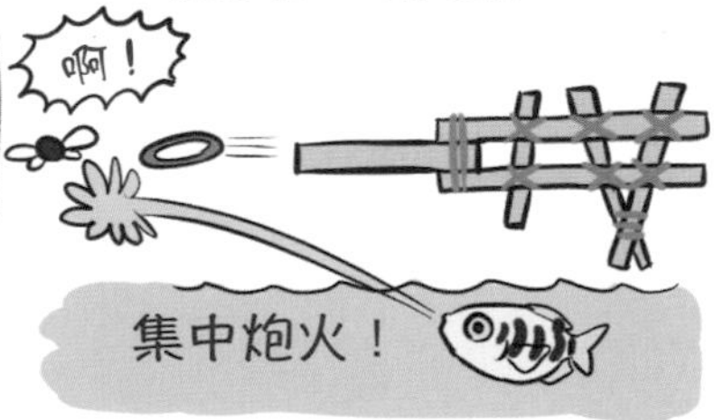

啊！
集中炮火！

分類 魚類、射水魚科　食物 昆蟲、小魚、蝦等　分布 東南亞

射水魚居然——
能夠分辨人臉！

研究發現，射水魚可以精準的辨別人類的臉孔！

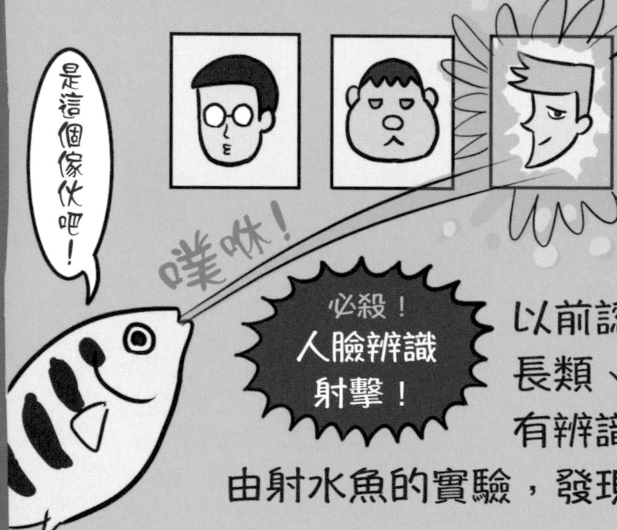

實驗做法：把不同的人臉照片排在一起，如果噴射到正確的臉，就給予獎賞。

以前認為只有猿猴等靈長類、鳥類等動物才具有辨識人臉的能力，經由射水魚的實驗，發現魚類也能認人！

在叢林等複雜的背景中準確的狙擊獵物，這可能只有射水魚才辦得到。

無論如何，不想被瞄準臉部射擊的話，最好的辦法就是不要招惹射水魚啊！

＊仿自日本知名漫畫《骷髏 13》，主角是一位槍法奇準的神槍手。

白斑窄額魨

神祕的河豚

2012 年才發現的新種，分布在日本奄美大島附近海域的小型河豚。

分類上屬於窄額魨屬。

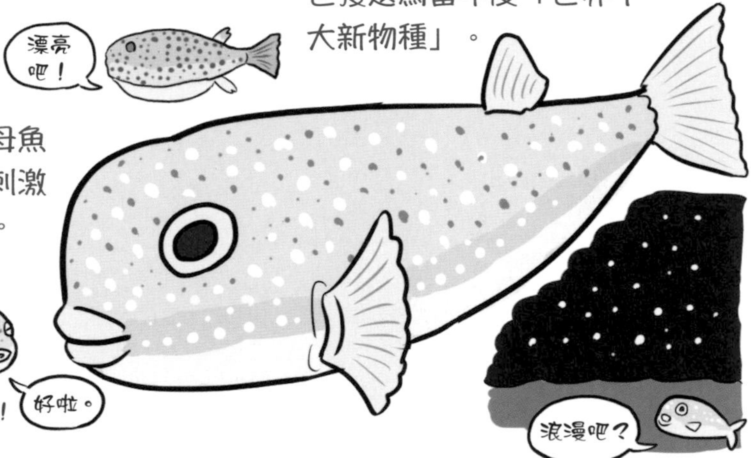

在 2015 年時認定為新種，也獲選為當年度「世界十大新物種」。

公魚會咬母魚的臉頰，刺激母魚產卵。

日文名直譯是「奄美星空河豚」，因為牠們身上白色和銀色的斑點讓人聯想到奄美大島的星空。

乍看之下好像很普通的河豚，卻具有非常神祕的習性⋯⋯

動物資訊

發現這種河豚的契機是日本某電視節目。節目採訪時知道了河豚會在海床建造某種東西，經過研究人員調查之後，發現是一種未知且充滿謎團的新種！

體長 10 公分

分類 魚類、四齒魨科　食物 甲殼類等　分布 日本奄美大島等

白斑窄額魨居然——
會建造鬼斧神工的「麥田圈」！

魚會在海底建造像是麥田圈的神祕圖案，真是令人難以置信！

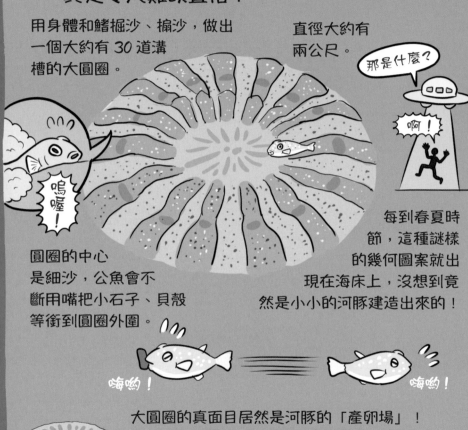

用身體和鰭掘沙、搧沙，做出一個大約有 30 道溝槽的大圓圈。

直徑大約有兩公尺。

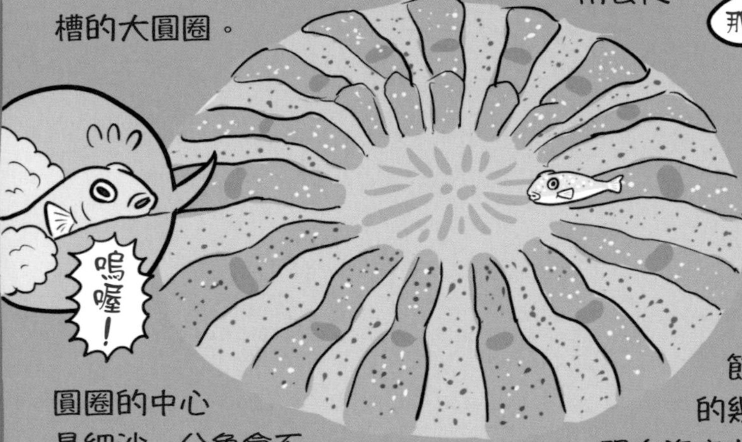

每到春夏時節，這種謎樣的幾何圖案就出現在海床上，沒想到竟然是小小的河豚建造出來的！

圓圈的中心是細沙，公魚會不斷用嘴把小石子、貝殼等銜到圓圈外圍。

大圓圈的真面目居然是河豚的「產卵場」！公魚大約花一星期的時間建造圓圈，母魚則在圓圈的中心產卵。

精細又神祕的圖案簡直就像是外星人的簽名，跟牠身上熠熠的星點真是相互輝映啊！

盲鰻

扭動的活化石

有「活化石」之稱的細長海洋生物！

眼睛退化，只殘留痕跡。

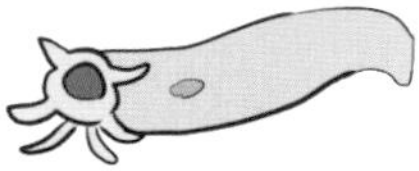

從正面看，像嘴的部分其實是鼻孔。

張大嘴巴！
不行。
因為沒有上下顎。

章魚也是三個。

具有三個心臟。

會吃鯨魚的屍體。

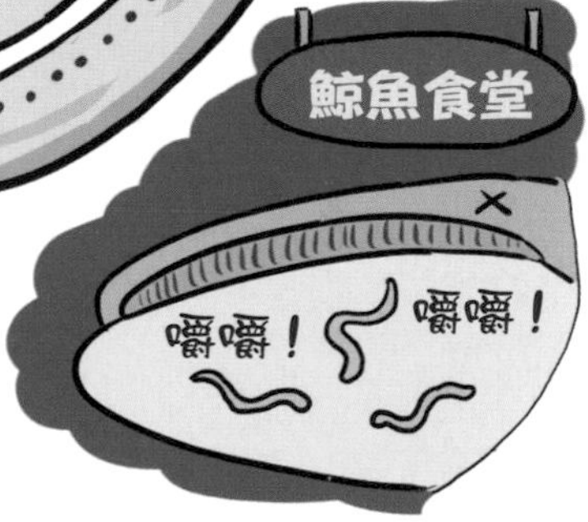

嘴的開口在腹側。沒有上下顎，所以被歸為「無頷類」。

身體兩側各有一排小孔，到底是做什麼用的呢？

動物資訊

全世界大約70種，日本有6種、臺灣有13種。幾乎所有的種類都棲息在深海，會鑽進魚類或鯨類的屍體中吃肉。無頷類的動物還包括八目鰻，不過牠們並不是鰻魚。

體長 60～80 公分

雖然名字有「鰻」字，但是跟鰻魚完全不同類。

分類 無頷類、盲鰻科　食物 魚類、鯨類的屍體　分布 太平洋等

盲鰻居然——
會分泌可怕的黏液！

盲鰻最強的武器是很黏的「黏液」。遇到危險時，身體能在 1 秒內分泌 1 公升的黏液。

瞬間分泌的大量黏液會堵塞掠食者的鰓。

之前有一輛載了幾百隻盲鰻的卡車發生事故翻覆，盲鰻全撒到路面上，還分泌了大量黏液，導致馬路和車輛滿是濃稠的黏液。

這件意外事故造成很大的騷動，為了清除黏液，還出動推土機呢！

黏印良品

盲鰻的黏液含有黏膠和纖維成分，這種黏液纖維又輕又很強韌，可以用來製作衣服。

搞不好將來用盲鰻黏液製作的內褲或絲襪會很普遍喔！

箱 魨

身穿鎧甲的河豚

身體堅硬又有毒的小型河豚。

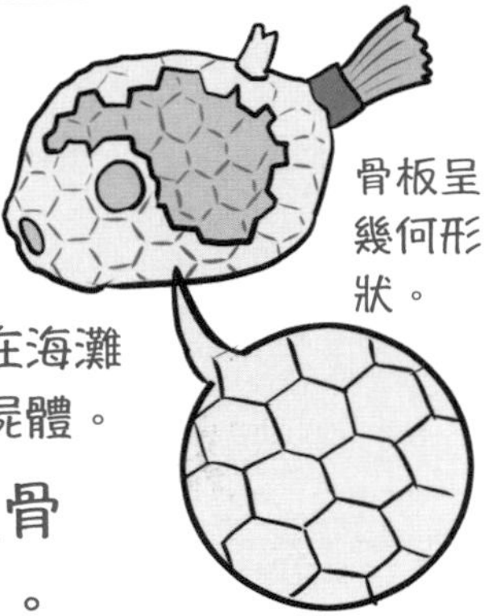

有時可在海灘上發現屍體。

身體包覆著鱗片癒合而成的堅硬骨板，就像是包在堅固的箱子裡面。

皮膚會分泌出「箱魨毒」，是一種劇毒，受到驚嚇或威脅就會分泌。

如果和其他魚一起混養，萬一分泌毒素，可能會毒死水槽裡的魚。即使是容量 3000 公升的大水槽，裡面的魚也會死光光！有時會連自己也毒死。

動物資訊

包覆著骨板的身體非常堅固，還成為汽車車體設計的靈感。料理箱魨時要剝掉有毒的魚皮，有一些種類可能內臟和肉也有毒素，一定要特別注意。

體長 25 公分

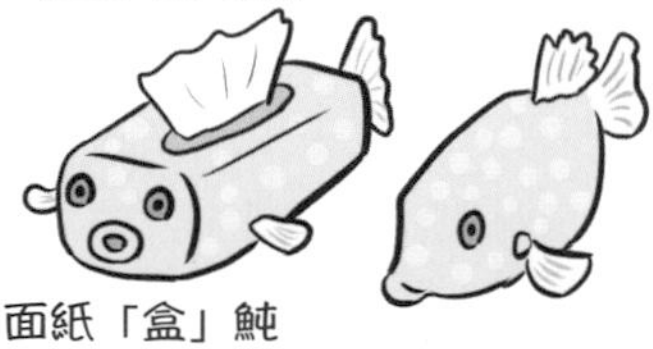

面紙「盒」魨

英文名是 boxfish（箱形魚）。

分類 魚類、箱魨科　食物 沙蠶、貝類、甲殼類等　分布 熱帶和亞熱帶海域

箱魨居然——不擅長游泳！

身體包覆著堅硬的骨板，因而沒辦法像其他魚類那樣任意的擺動身體游泳。

用來擺動尾鰭的肌肉很少，不太能獲得前進的力量，只能靠背鰭和臀鰭慢慢游動。

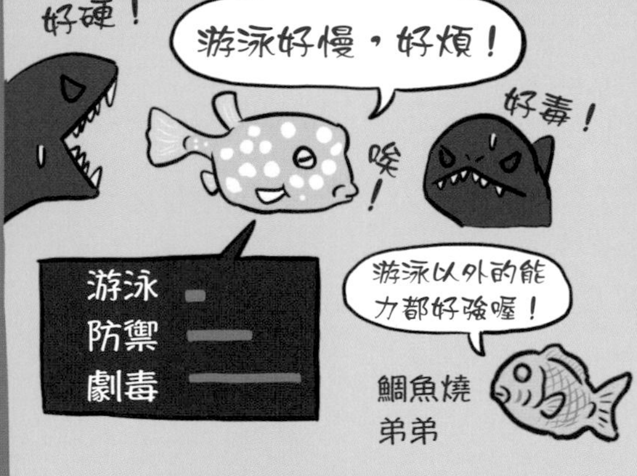

不過，因為具備了堅固的防禦和劇烈的毒素，很少受到其他魚類攻擊。

話說回來，很多人非常著迷箱魨拚命努力游泳的可愛姿態呢！

後來發展成這樣。(真實故事)

* 仿自日本作家太宰治的短篇小說〈奔跑吧，梅洛斯〉。

電鰻

滑溜溜的電擊器

分布在南美洲河流的肉食性魚類！

能產生高達600伏特的電壓，足以電暈一匹馬。

雖然名字有「鰻」字，但其實跟鰻魚完全不同類。

不過，電鯰就真的是一種鯰魚。

會電擊其他動物，但是不會電到自己。

靠「發電器官」來發電，發電器官占了身體的80%，裡面排列著數千個發電細胞。

放電除了用來攻擊和防禦之外，也能用來偵測獵物的位置。

嗯？
搜尋中……

不進到水裡就沒事了。
哼！
是嗎？

體長 2.5 公尺

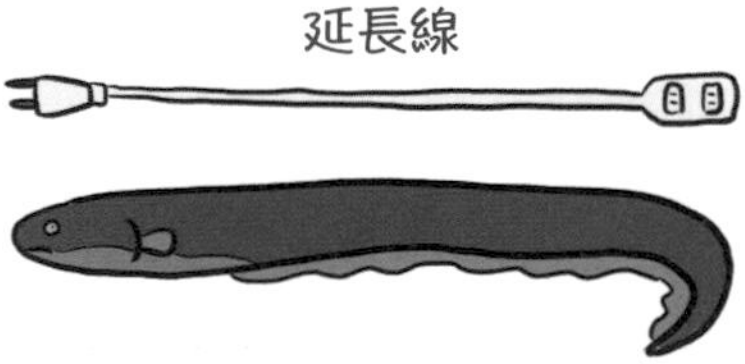

動物資訊

發電器官之所以這麼發達，是因為電鰻生活在非常混濁的水裡，即使什麼都看不見，只要使用電流，就能很有效率的搜尋、捕獲獵物。

分類 魚類、裸背電鰻科　食物 甲殼類、小型哺乳類　分布 南美洲

電鰻居然有——
超級厲害的絕招！

電鰻有一個不為人知的絕技。

牠能跳出水面，把下顎貼到對方的身體上，然後釋放強大的電力！

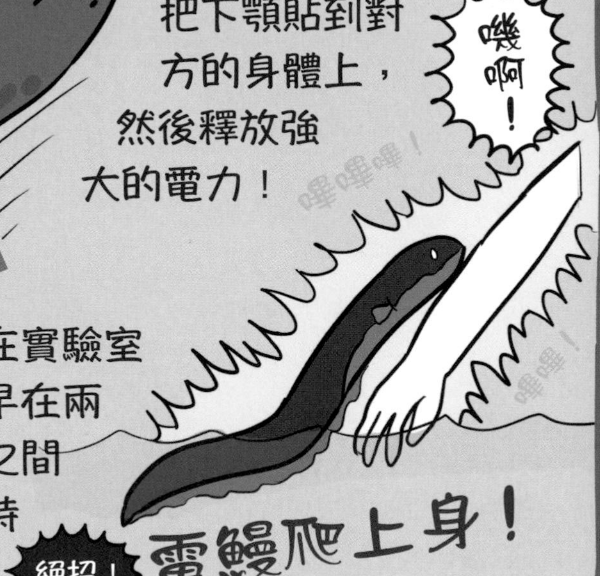

雖然這個行為是在實驗室觀察到的，但是早在兩百多年前，漁夫之間就流傳著這種奇特的攻擊行為了。

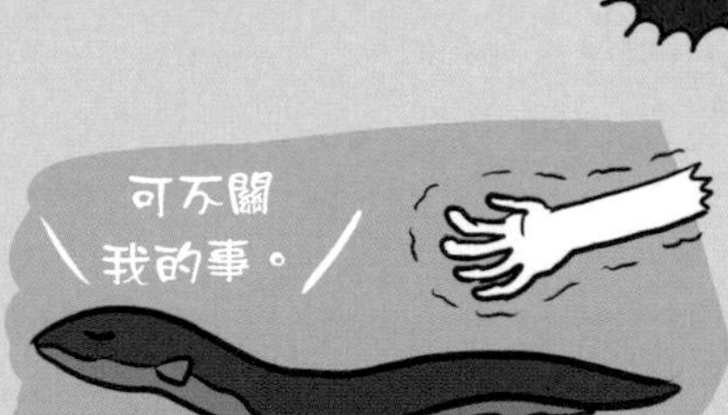

人類極少因為電鰻的電擊而死亡，不過卻有受到電擊而溺死的事故。電鰻的電擊真是可怕，但是這也讓人感受到，生物實在是具有無限的可能啊！

黑尾鷗

叫聲像貓的海鳥

會像貓一樣「喵喵」叫的中型海鷗。

眼睛周圍是紅色的。

翅膀展開約有115公分寬。

嘴喙上的黑帶和紅斑也是辨識的特徵。

有時候在飛行中會不小心把魚給掉了。

為什麼你比較有名啊？
明明冬天才出現。
不知道。

黑尾鷗

日本全年可見。*

海鷗

冬天才出現在日本。

會群聚一起繁殖，數量可高達數十萬隻。把牠們的繁殖地設為自然保護區，可以避免種種人為干擾。

有時候也會在紙箱中孵蛋。

體長 37～44 公分

動物資訊

保護繁殖地是為了讓牠們以後再也不會面臨滅絕的危機。有黑尾鷗群出現的地方往往就有魚群，所以牠們被認為是「能幫忙打漁的鳥類」而受到重視。

分類 鳥類、鷗科　食物 魚類等　分布 日本、中國東部、臺灣等

* 黑尾鷗5～8月會到馬祖繁殖，海鷗在臺灣則是稀有的冬候鳥。

※ 黑尾鷗的日文名直譯是「海貓」。

黑尾鷗居然——
什麼東西都囫圇吞下！

黑尾鷗什麼東西都吃，還有人目擊到牠把大型的獵物整隻吞下去！

魚類和海星就不必說了，兔子、老鼠等各種哺乳類也不會放過。

把活生生的獵物吞下去，那景象看起來還滿可怕的。

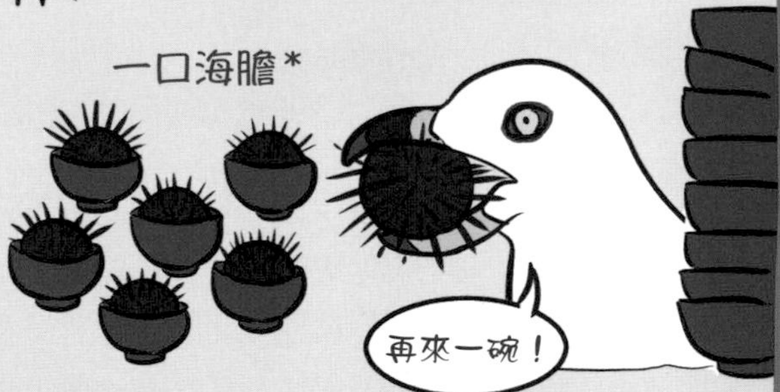

就連渾身是刺的海膽也整顆吞下去！

就是這種無所畏懼的食慾、無所不吃的食性，讓黑尾鷗對環境有很強的適應力，在哪裡都能夠生存！

＊仿自日本岩手縣的料理「一口蕎麥麵」，用小碗裝麵，可以一直續碗。

烏鴉

黑黑的野鳥？

分布在日本各地的大型鳥類。

嗅覺不太好。

會用衣架築巢，裡面鋪上草、樹葉等柔軟的東西。

日本常見的烏鴉是以下這兩種：

巨嘴鴉

額頭隆起。

小嘴鴉

巨嘴鴉原本棲息在森林中，主要吃動物的屍體。

在都市特別多。雜食性，什麼都吃。會翻撿垃圾，所以不太受歡迎。

掉出來！
看起來好好吃。
掉出來！
看起來好好吃。

都會區一袋袋的垃圾對烏鴉來說，跟動物的屍體一樣，都是美味的大餐嗎？

動物資訊

會發出各種不同的聲音進行溝通。相較起來，巨嘴鴉大多生活在都市地區，小嘴鴉則偏好農村，喜歡捕食昆蟲和青蛙等小動物。

體長 56 公分

人類的食物之中，特別喜歡美乃滋。

分類 鳥類、鴉科　食物 果實、動物屍體、鳥蛋或雛鳥　分布 世界各地

烏鴉居然——不全是一般黑！

鴉科鳥類分布在全世界。一說到烏鴉，印象就是「全身黑」，還有「天下烏鴉一般黑」的說法，但其實也有羽色黑白交雜的烏鴉，像是東方寒鴉或厚嘴鴉等等。

不論哪一種烏鴉，叫聲或聰明的行為等都各有各的特色。

遊戲玩耍！

從積雪的斜坡上像滑雪橇那樣滑下來。

把核桃放在汽車前面，讓車子壓破！

這是從駕訓班周圍的烏鴉開始的。

製作工具！

新喀里多尼亞鴉會使用葉子或枝條，把躲藏的甲蟲幼蟲鉤出來。

把有刺的葉片撕成長條狀，利用葉片的刺鉤取蟲子。

用嘴喙把枝條的前端折彎，加工做成「鉤子」來使用。

烏鴉可能還隱藏著許許多多不為人知的能力呢！

廈鳥

會織布的小鳥

分布在非洲的小鳥。

會用植物葉片編織出球狀巢，是一種織布鳥。

不在樹林裡做窩，而是選擇乾燥地區孤立的大樹來築巢，甚至還會把巢築在電線桿上。

築巢的材料主要是枯草。

日文名直譯是「社會性的織布工」，雖然看起來很像麻雀，也很不起眼，卻有著非常符合名字的驚人習性……

動物資訊

分布在非洲沙漠，會群聚在一起生活。要是有敵人來襲，就會大家共同協力守護鳥巢。巢裡面是一間間的小房間，每間巢室各住著一對鳥。

體長 14 公分

分類 鳥類、織布鳥科　食物 昆蟲、種子等　分布 非洲西南部

* 仿自日本民間故事《白鶴報恩》，故事是受到人類幫助的白鶴化成女孩，以織布來報恩，但條件是「絕對不可以偷看她織布」。

廈鳥居然——
會建造超級巨大的巢！

龐大的巢可供 500 隻鳥居住，好像公寓大廈！

巢的功能
① 白天氣溫高達40℃，巢內通風涼爽；夜晚氣溫降到0℃以下，巢能禦寒保暖。
40℃
0℃
炎熱！
寒冷！
② 防止蛇、猛禽等天敵攻擊。
在哪裡啊？
好可怕。
嘶嘶！
大家通力合作一起築巢。
一旦巢築好了，有的能使用 100 年以上呢！
屋齡 100 年

形容廈鳥是「社會性的織布工」真是一點也沒錯呢！而且鳥群中還有類似「監工」的鳥，會處罰偷懶的個體。

皇帝企鵝

搖搖擺擺的帝王

分布在酷寒的南極，世界最大的企鵝！

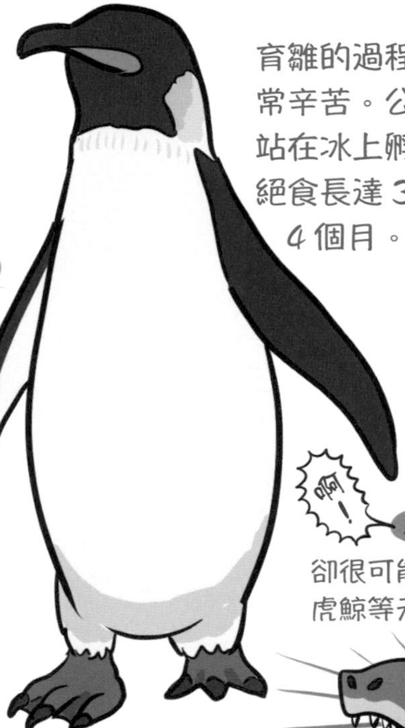

皮下有厚厚的脂肪，能適應零下60℃的酷寒。

氣溫下降時，會緊緊擠在一起禦寒。

腳底很防滑。

育雛的過程非常非常辛苦。公鳥一直站在冰上孵蛋，絕食長達3～4個月。

母鳥為了抓魚給雛鳥吃，得到海裡去。

卻很可能受到豹斑海豹、虎鯨等天敵攻擊。

皇帝企鵝明明是鳥類，卻沒辦法在空中飛……

動物資訊

雛鳥孵化約六星期後，親鳥會離開到海裡捕食。這段期間，雛鳥會聚集在一起，形成「托兒所」集團，彼此緊靠，抵禦寒冷和危險。

體長 112～115 公分

跟小學二年級小朋友差不多高。

分類 鳥類、企鵝科　食物 魚、甲殼類　分布 南極大陸

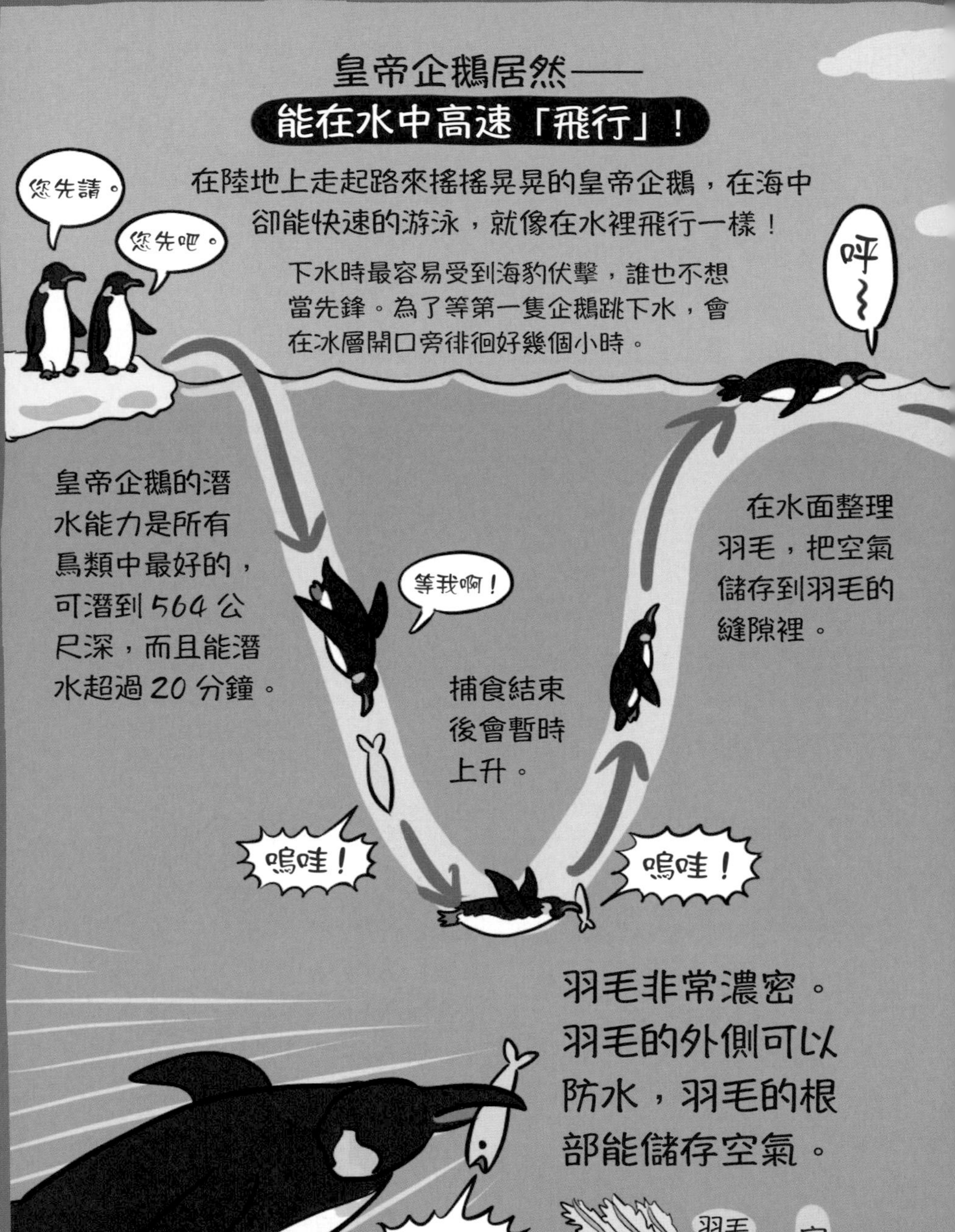
皇帝企鵝居然——
能在水中高速「飛行」！
在陸地上走起路來搖搖晃晃的皇帝企鵝，在海中卻能快速的游泳，就像在水裡飛行一樣！
您先請。
您先吧。
下水時最容易受到海豹伏擊，誰也不想當先鋒。為了等第一隻企鵝跳下水，會在冰層開口旁徘徊好幾個小時。
呼～
皇帝企鵝的潛水能力是所有鳥類中最好的，可潛到 564 公尺深，而且能潛水超過 20 分鐘。
等我啊！
捕食結束後會暫時上升。
在水面整理羽毛，把空氣儲存到羽毛的縫隙裡。
嗚哇！
嗚哇！
羽毛非常濃密。羽毛的外側可以防水，羽毛的根部能儲存空氣。
嗚哇！
羽毛
空氣層

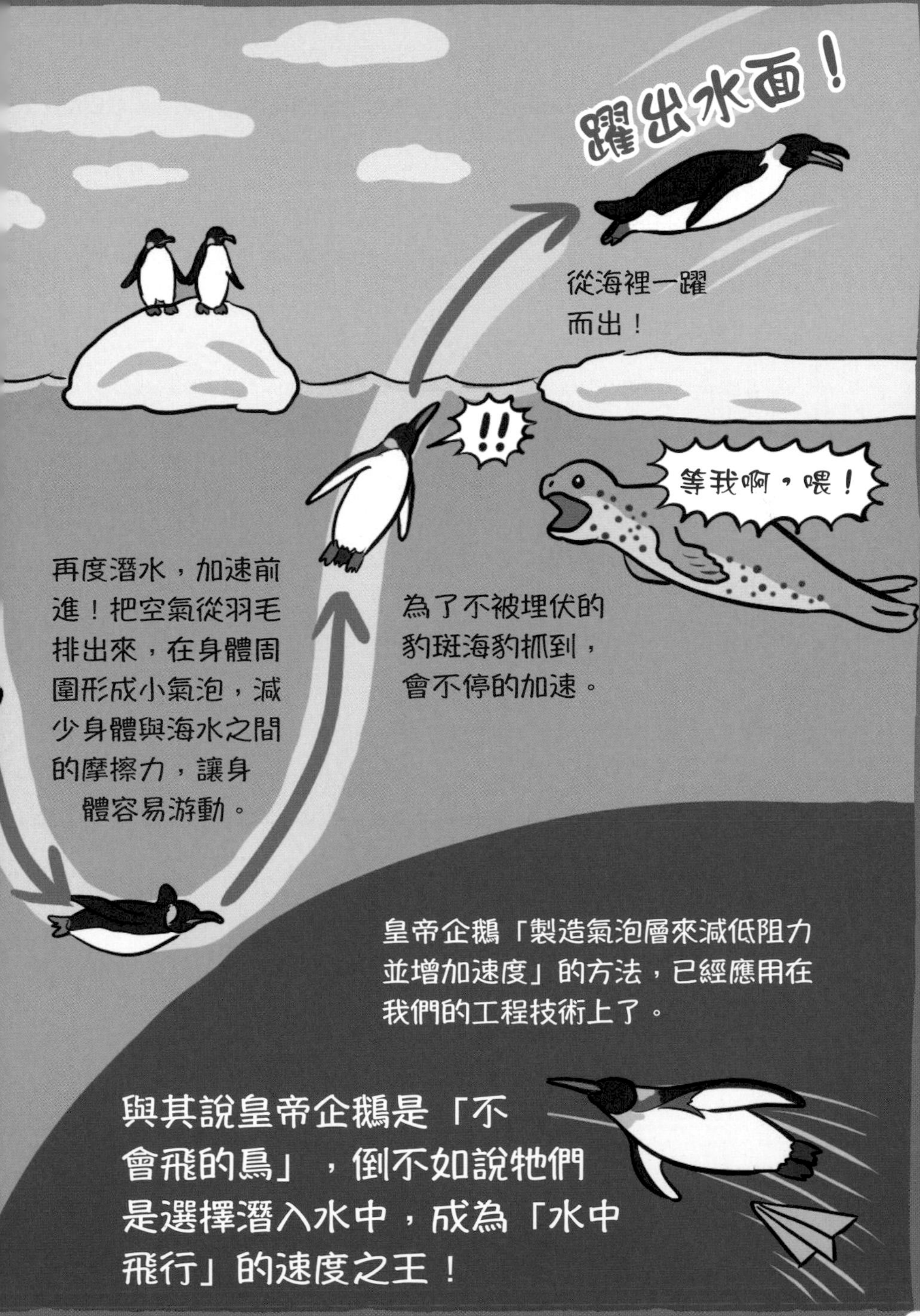
躍出水面！
從海裡一躍
而出！
!!
等我啊，喂！
為了不被埋伏的
豹斑海豹抓到，
會不停的加速。
再度潛水，加速前
進！把空氣從羽毛
排出來，在身體周
圍形成小氣泡，減
少身體與海水之間
的摩擦力，讓身
體容易游動。
皇帝企鵝「製造氣泡層來減低阻力
並增加速度」的方法，已經應用在
我們的工程技術上了。
與其說皇帝企鵝是「不
會飛的鳥」，倒不如說牠們
是選擇潛入水中，成為「水中
飛行」的速度之王！

企鵝的同類

這裡還有很多喔！

世界上還有許多極具特色的企鵝，一起來看看牠們個別的特徵！

身體或臉的紋路、搶眼的冠羽等都是線索！

皇帝企鵝

世界上最大的企鵝。

國王企鵝

頭部有橘色的羽毛。

巴布亞企鵝

頭上有像髮帶的白色條紋。

會把枝條、石頭堆疊起來築巢。

南極企鵝

頭部下面有一條黑色的紋帶。

背部是稍微帶點藍的黑色。

皇家企鵝

頭上有金色的冠羽。

麥哲倫環企鵝

胸部有兩條黑帶。

分布在南美洲和福克蘭群島。

斑嘴環企鵝

在非洲西南岸形成大群。

阿德利企鵝

看起來像白眼睛的部分是羽毛。

洪保德環企鵝

胸部有黑帶。

日本飼養的數量約占了整體族群的一成。

長冠企鵝

會在岩石間跳來跳去。

加拉巴哥環企鵝

分布在赤道地區。

小企鵝

世界上最小的企鵝。

犀牛蟑螂

超重量級的蟑螂

體型超級巨大，也是全世界最重的蟑螂！

分布在南半球的澳洲。

太重了，不能飛。

鎧甲鼴鼠＊

跟一般蟑螂不同，成蟲沒有翅膀。

體重最重可達35公克！

跟楓葉鼠差不多重。

會像鼴鼠一樣，在地底下挖洞、居住。

動物資訊

在尤加利樹樹林的地下挖掘隧道生活，吃落葉維生，所以不髒。吃了落葉之後，排出來的糞便可再利用，成為植物的肥料。

體長 75 公釐

比獨角仙還要大。

分類 昆蟲、匍蜚蠊科　食物 尤加利樹的落葉　分布 澳洲

＊代表犀牛蟑螂的特徵：身被硬甲、會掘土挖洞，因為犀牛蟑螂的日文名直譯是「穿著鎧甲像鼴鼠一樣挖洞的蟑螂」。

犀牛蟑螂居然是——
非常受歡迎的寵物！

萬萬沒想到，犀牛蟑螂是很知名且熱門的寵物！

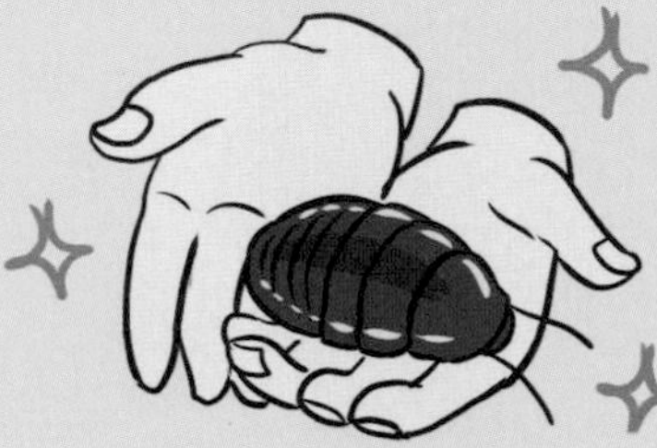

外形圓滾滾的，動作跟鼠婦一樣非常緩慢悠哉。

不少人會把牠們放在手上，憐愛的把玩。

價格要3～5萬日圓！因為是稀有的昆蟲，所以價值不菲。

和小狗的價格差不多。

壽命長達10年。

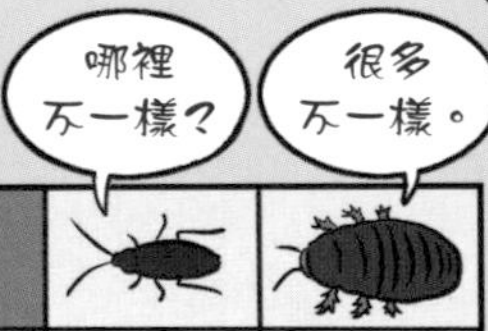

外形	細長	圓滾滾
動作	迅速	緩慢

蟑螂是「討人厭昆蟲」的代表，但是只要外形和動作不一樣，還是可以成為受人疼愛的寵物。

人類和蟑螂相親相愛共同生活的未來，也是可能會到來的呢！

切葉蟻

切割葉片的螞蟻

分布在美洲大陸的奇特螞蟻。

用鋒利的大顎切下植物的葉片，排隊搬回巢中。

啪！
啪！
走快點！
不要慢吞吞的！
啪啪！
什麼聲音啊？

切葉蟻高速公路

會割除搬運路徑上的草並清理枯枝落葉，像整備高速公路一樣！

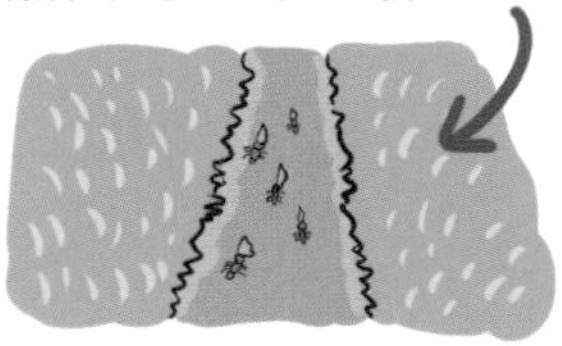

有一些切葉蟻會爬到葉片上面「搭便車」，不過牠們是來當保鑣的，防止負責搬運的切葉蟻受到襲擊。

加油！
我又不是在偷懶，真的！

動物資訊

切葉蟻大約有256種，幾乎都生活在熱帶叢林裡。牠們會形成大集團切取農作物的葉片，所以被當地農民視為大害蟲而討厭、害怕。

體長 3～20 公釐

分類 昆蟲、蟻科　　食物 真菌　　分布 北美洲東南部～南美洲

切葉蟻居然——
會從事農業，自給自足！

切葉蟻會栽種自己的食物，就像在從事農業一樣！

把搬運回來的葉子
切碎做成「堆肥」，在巢裡栽種真菌。

不停增長！
不停增長！

牠們栽種的真菌，外形不像一般的香菇，而是白色海綿狀的團塊。切葉蟻的幼蟲就吃這些真菌維生。

切葉蟻的分工很細，
各有各的任務，像是：
· 栽種真菌的螞蟻。
· 搬運葉片的螞蟻。
· 負責戰鬥的螞蟻……

因為高度的社會化，才能進行像農業這樣複雜的作業吧！

人類大約 1 萬年前開始從事農業，但是切葉蟻種植真菌已經有 5000 萬年的歷史了，可說是我們的大前輩呢！

新鮮現採的真菌！
請吃！
不必了，謝謝。

* 仿自日本暢銷漫畫《航海王》。

源氏螢

在盛夏的夜間閃爍

閃爍著淡淡的光芒，優雅的在空中飛舞，是日本象徵夏季的昆蟲。

用「屁股」發光來跟同伴溝通。

日本大約有40種螢火蟲*，有10種左右會發光。

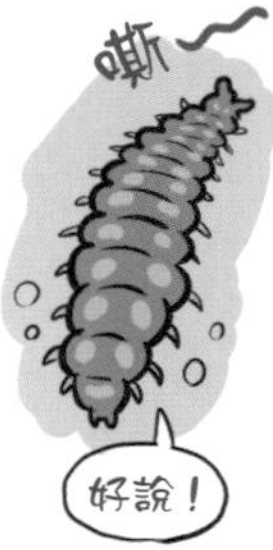

大多數螢火蟲的幼蟲階段都棲息在陸地上，但源氏螢的幼蟲生活在水中。

腹部有「發光器」，裡面的發光物質在酵素的催化下，與氧產生反應而發光。

幼蟲吃一種叫「川蜷」的螺類。

身體的紅色具有警示作用，意思是「我很難吃喔」。

源氏螢的光隱藏了一個不為人知的祕密……

動物資訊

並不是所有螢火蟲的成蟲都會發光，不過，源氏螢從卵、幼蟲、蛹到成蟲都會發光。一般認為，卵、幼蟲等用發光來威嚇敵人，或是對某些刺激產生反應。

體長 10 ～ 16 公釐

分類 昆蟲、螢科　食物 川蜷　分布 日本的本州、四國、九州

* 臺灣目前已知有 62 種螢火蟲。

源氏螢的光居然——有關東腔和關西腔的分別！

源氏螢的發光型態以富士山附近為界線，分成「關東型」和「關西型」。

真的喔！
係金耶！
北海道
真的耶！

閃光大師！

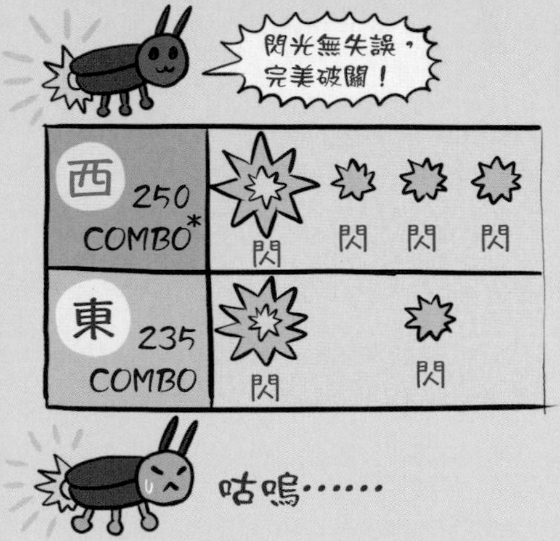
閃光無失誤，完美破關！
西
250
COMBO*
閃
閃
閃
閃
東
235
COMBO
閃
閃
咕嗚……

關東和關西兩邊的差異在於發光閃爍的頻率：西日本是2秒閃一次，東日本是4秒閃一次，間隔時間是2倍。

博多腔
津輕腔
灰常喜翻。
哇尬意！
你說什麼？
西
東

發光型態不同的螢火蟲彼此不能溝通、辨識，也就沒辦法交配繁殖。

對螢火蟲來說，「光」就是牠們的語言，重要性自然不在「話」下！

讓我們交往啦！
好煩！

＊電玩遊戲的用語，指動作連續且正確、沒有中斷的次數，或是連續攻擊的次數，一般稱為「連擊數」。

蘭花螳螂

如假包換的蘭花？

分布在東南亞，酷似蘭花的螳螂。

若蟲階段特別像花。

獵捕那些把牠當成花而接近的蜜蜂等昆蟲，出手快如閃電，只要 0.03 秒！

母的蘭花螳螂跟花很像。

公螳螂體型小，顏色也很不起眼。

蘭花螳螂和蘭花一樣會吸收紫外線，所以能夠欺騙看得見紫外線的蜜蜂。

體長 70 公釐（母）、35 公釐（公）

動物資訊

母螳螂的外形酷似花朵，但公螳螂不同，體型小，顏色也不起眼。即使如此，公螳螂也很堅強的活著，善用小小的身體迅速行動，捕捉獵物或是接近母螳螂。

分類 昆蟲、花螳科　食物 昆蟲　分布 東南亞

蘭花螳螂居然——
還有更高明的絕招！

對偽裝成花朵的蘭花螳螂來說，迎面而來的蜜蜂好像是在對牠說「請吃我吧」！

為什麼蜜蜂會毫不猶豫的飛過去呢？

事實上，蘭花螳螂不只是外觀變得像花朵而已，還會釋放出能吸引蜜蜂的化學物質！

蘭花螳螂釋放的化學物質，跟蜜蜂彼此之間連絡時釋放的氣味很像，因此能誘騙、吸引蜜蜂！

蘭花螳螂不是只有在外觀上下功夫，還使用了氣味，澈底欺騙獵物，真是既美麗又可怕的欺騙高手！

海膽

海中的刺球

分布在世界各地的海洋，運身都是刺的棘皮動物。

棘皮動物包括了：
海膽、海星、海參等。

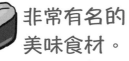

非常有名的
美味食材。

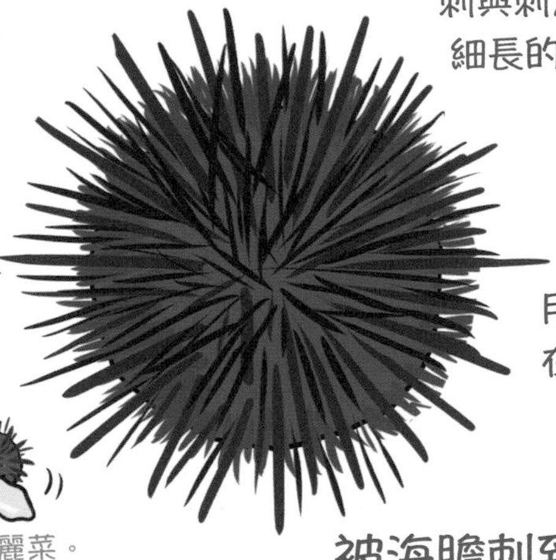

刺與刺之間有許多
細長的管子。

會吃小動物、
死屍等，也吃
昆布。

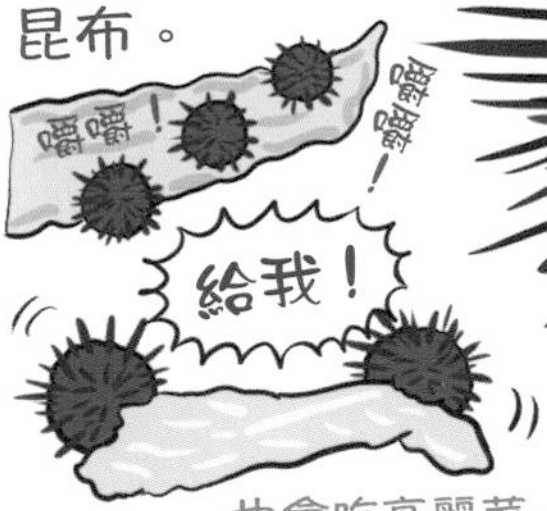

也會吃高麗菜。

用這種「管足」
在海底移動。

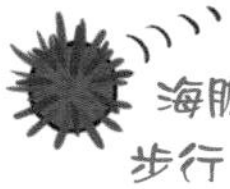

被海膽刺到怎麼辦？

一般所食用的部位是「卵巢」。雌海膽一生大約產 5 億顆卵。

動物資訊

海膽是可口的高級食材，不過，有一些種類的棘刺有毒，被刺到會有危險。根據種類和棲息地不同，有些海膽非常長壽，甚至超過 200 歲呢！

體長 5 公分（不含棘刺）

日文漢字寫成「海栗」。

紫海膽　　栗子

分類　棘皮動物、長海膽科　　食物　昆布等海藻　　分布　日本、臺灣等

海膽居然——
全身都是眼睛？

海膽雖然沒有所謂的「眼睛」，但是目前的研究發現，牠們能夠感測照射到棘刺上面的光，藉此來「觀看」周圍的動靜。

換句話說，就是把布滿棘刺的整個身體表面當成一隻很大的眼睛來使用！

牠們會隨光線不同而改變行為。

討厭光，會聚集到陰暗的地方。

感測到天敵的影子，於是把棘刺豎起來。

棘刺的數目和位置會影響牠們的「視力」。

好亮啊！
你這傢伙！
咦？
?

海膽全身都是眼睛——這樣想的話，遇到以下情況「看」起來會不會變得很詭異呢？

好像有什麼視線……
張大眼睛！
嗚哇！

擬態章魚

海裡的模仿大師

擬態章魚名副其實，是一種能模仿各種動物的章魚。

能夠模仿那些不容易受到敵人攻擊的動物。

擅長隱藏的比目魚

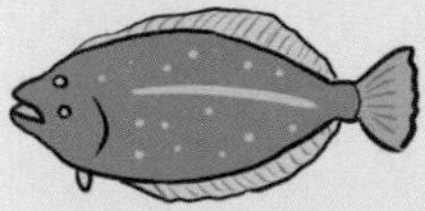

觸手併攏並壓扁身體。

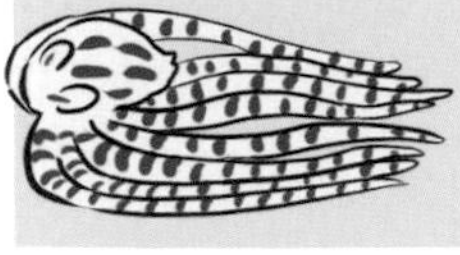

有刺的獅子魚

用觸手重現尖銳的鰭。

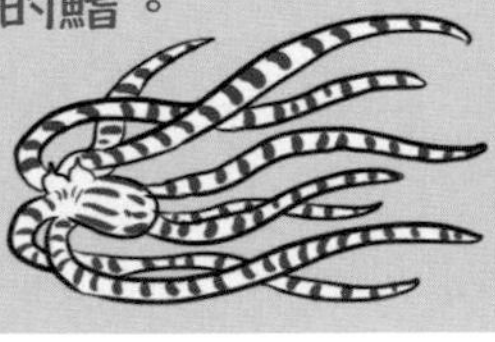

有毒的海蛇

用兩隻觸手假裝成長長的身體！

動物資訊

是1998年才在印尼海域發現的新種章魚。牠們生活在無處躲藏的沙質海底，所以會利用顏色或形狀模仿有毒的魚、蛇等來防身。2012年在澳洲也有發現。

體長 60公分

身上的斑紋跟斑馬有點像。

分類 軟體動物、章魚科　食物 甲殼類　分布 印尼、澳洲

擬態章魚——夜晚時不會模仿！

雖然擬態章魚能隨意的「變身」，不過並不容易觀察到，再加上牠晚上大多靜靜待在洞裡，很難捕捉到變身的瞬間。

想看到模仿大師表演，似乎得用配置魚眼鏡頭的固定式相機，全天候來監視牠呢！

飯店
勁爆！
直擊從飯店出來的擬態章魚先生。

實際上最仔細看著擬態章魚的，真的是「魚眼」喔——因為有人拍攝到一種會模仿擬態章魚的魚！

這種魚跟在擬態章魚旁邊，靈巧的配合著章魚觸手的動作游動，跟觸手融為一體。

沒有注意到的章魚。

這種魚跟霍氏後頜魚是同類。

那是偶然的行為，還是一種不為人知的生存策略呢？雖然詳情還不清楚，但身為模仿大師的擬態章魚還是不能太過馬虎呢！

是這樣嗎？
嗯！

模仿「會模仿章魚的魚」的章魚。

縮頭魚虱

靜靜的、偷偷的

日文名直譯是「魚的餌料」，像是被魚吃掉的小動物。

從淺海到深海都有，分布非常廣泛。全世界目前已知大約有330種。

有很多隻腳，也有很多體節，屬於等足類，和鼠婦、大王具足蟲等是同類，外形看起來很惹人喜愛，但是……

縮頭魚虱具有非常恐怖、難以想像的習性？

動物資訊

這類鼠婦的遠親約有330種，會寄生在魚類身上，像是：皮膚、鰓或肚子裡。每種縮頭魚虱通常只會寄生在特定的魚類身上。

體長 4～5公分（母）、2公分（公）

分類 甲殼類、縮頭魚虱科　食物 魚的血液　分布 世界各地的海洋

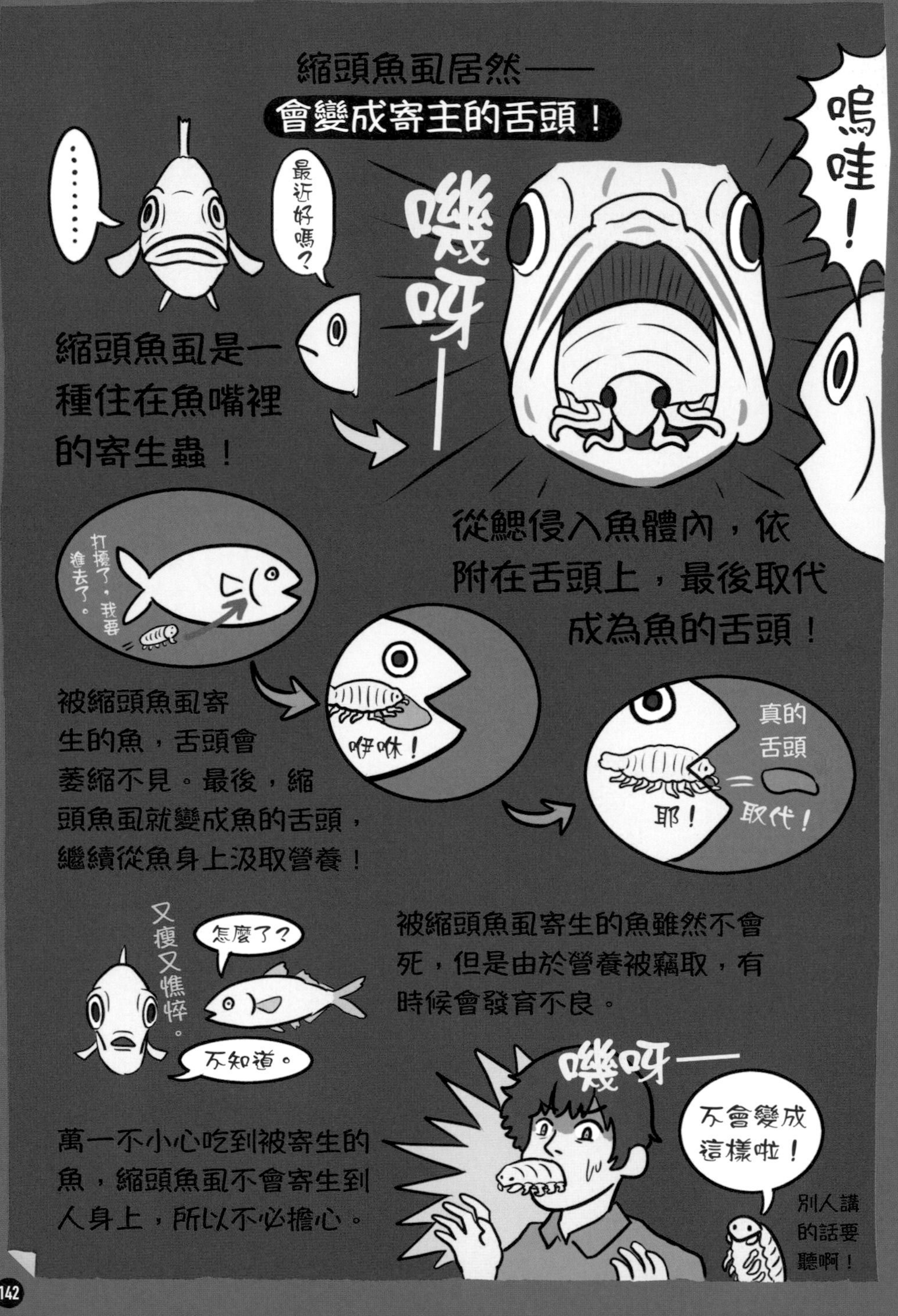

縮頭魚虱居然——
會變成寄主的舌頭！
……
最近好嗎？
嘰呀——
嗚哇！
縮頭魚虱是一種住在魚嘴裡的寄生蟲！
從鰓侵入魚體內，依附在舌頭上，最後取代成為魚的舌頭！
打擾了，我要進去了。
被縮頭魚虱寄生的魚，舌頭會萎縮不見。最後，縮頭魚虱就變成魚的舌頭，繼續從魚身上汲取營養！
咿咻！
真的舌頭
耶！
取代！
又瘦又憔悴。
怎麼了？
不知道。
被縮頭魚虱寄生的魚雖然不會死，但是由於營養被竊取，有時候會發育不良。
嘰呀——
萬一不小心吃到被寄生的魚，縮頭魚虱不會寄生到人身上，所以不必擔心。
不會變成這樣啦！
別人講的話要聽啊！

第3章

充滿謎團的
生活方式！

不可思議！

眾所皆知與不為人知的動物大小事

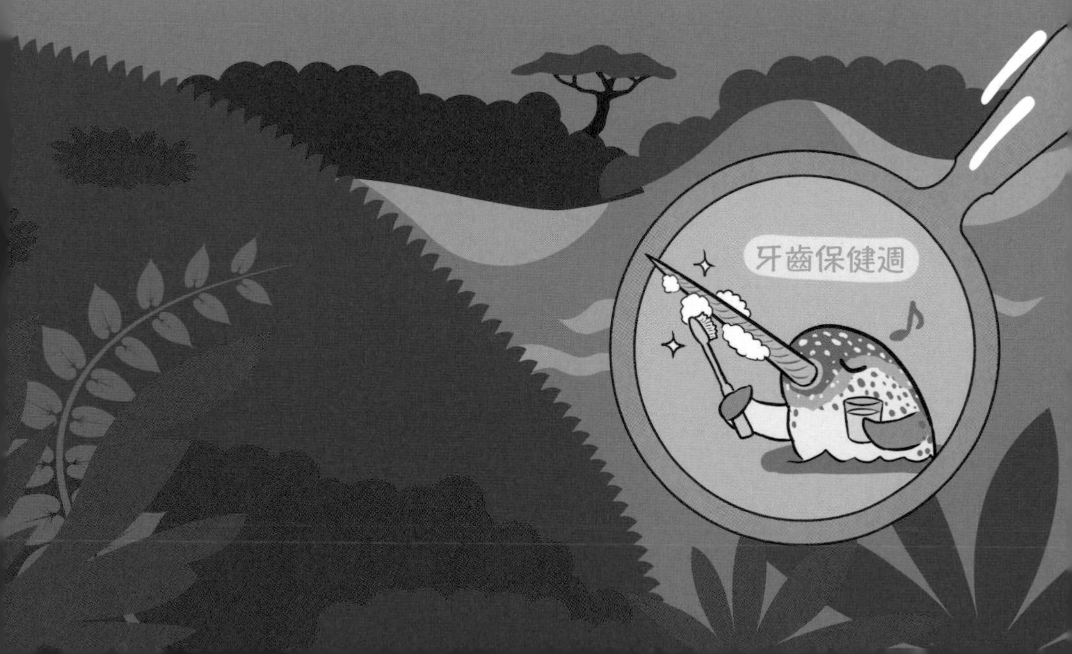
牙齒保健週

裡裡外外都不可思議的動物！

原來有這樣的動物啊、為什麼會變成這樣的長相呢……無論是陸上爬的、天空飛的或是深海裡充滿謎團的生物，都讓人驚訝不已。裡裡外外都非常不可思議，奇特又有趣的生物，世界上到處都是喔！

詳情請看 151頁

原本以為是可愛的猴子……

是小猴子在理毛嗎？原本以為是這樣，其實那是一種很危險的行為呢！

棲息在深海裡巨大的魷魚……

巨大又神祕的深海生物大王魷深受歡迎，牠為什麼要在深海展開戰鬥呢？

詳情請看 205頁

詳情請看 197頁

無法長成大人樣的奇妙身體……

希望永遠保持孩子的樣子不要長大！人類想要這樣卻無法實現，但是墨西哥鈍口螈卻一生都維持著幼時的模樣？

鴨嘴獸

看似假的，卻真實存在的動物

像是把鴨子的嘴喙和河狸的身體湊在一起，既罕見又不可思議的動物。

明明是哺乳類，卻會產卵。

把脂肪儲存在尾巴裡以抵禦寒冷的冬天。

發現的時間是 1798 年，當時標本被懷疑是用不同動物拼湊出來的假貨。

孵化出來的寶寶吃母乳長大。鴨嘴獸沒有乳頭，所以寶寶是舔食從乳腺滲到毛上的母乳。

嘴喙摸起來的觸感像橡皮一樣，能感測微弱的電流來尋找獵物。

動物資訊

腳上有蹼，能在水中划水游泳，並用扁平的尾巴調整方向。卵從排泄大小便的孔洞生出來。外觀從幾千萬年前一直到現在都沒有什麼改變。

體長 45 ～ 60 公分（雄）、39 ～ 55 公分（雌）

跟貓差不多大。

分類 哺乳類、鴨嘴獸科　食物 昆蟲、蝦、貝類、魚　分布 澳洲

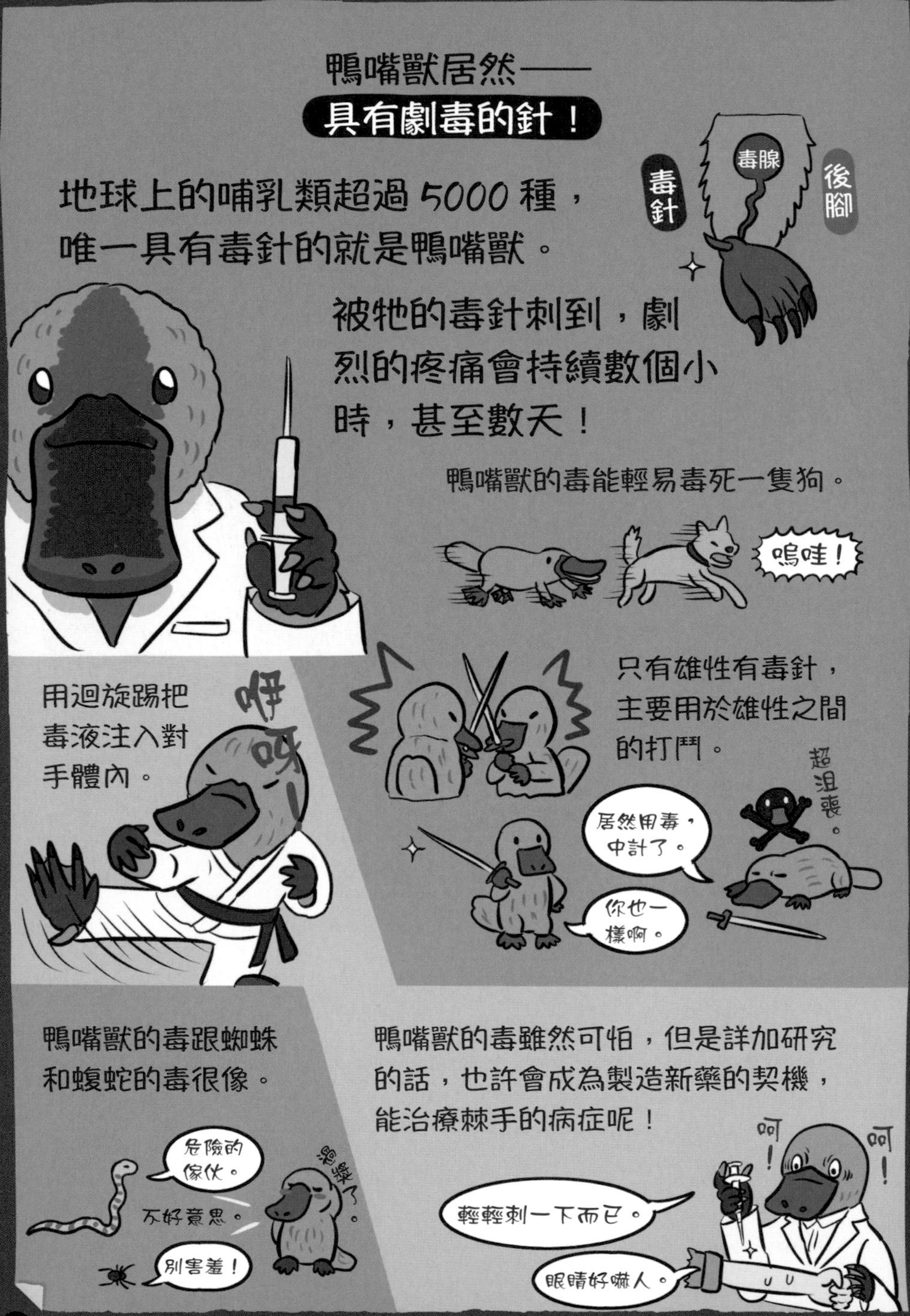
鴨嘴獸居然——
具有劇毒的針！
地球上的哺乳類超過 5000 種，
唯一具有毒針的就是鴨嘴獸。
毒針
毒腺
後腳
被牠的毒針刺到，劇烈的疼痛會持續數個小時，甚至數天！
鴨嘴獸的毒能輕易毒死一隻狗。
嗚哇！
用迴旋踢把毒液注入對手體內。
呼呀！
只有雄性有毒針，主要用於雄性之間的打鬥。
超沮喪。
居然用毒，中計了。
你也一樣啊。
鴨嘴獸的毒跟蜘蛛和蝮蛇的毒很像。
危險的傢伙。
不好意思。
別害羞！
得救了。
鴨嘴獸的毒雖然可怕，但是詳加研究的話，也許會成為製造新藥的契機，能治療棘手的病症呢！
呵！
呵！
輕輕刺一下而已。
眼睛好嚇人。

麝香貓*

很香的貓？

分布在印度、東南亞、非洲等地的小型哺乳動物。

棲息在森林或高山。

跟大家耳熟能詳，愛吃蔬菜水果的白鼻心是同類。

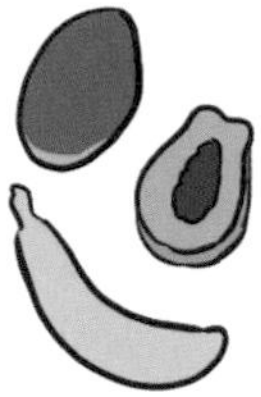

以芒果、木瓜、香蕉等水果為食。

屁股附近的腺體會分泌氣味強烈的物質：麝香。這種分泌物是製造香水的原料。

這種腺體就稱為「麝香腺」，名字也由此而來。

麝香貓的分泌物有令人意想不到的用途？

動物資訊

並不是貓，而是跟白鼻心以及歐洲南部的小斑獛、非洲的非洲靈貓等同類。走路時腳掌大約一半貼在地面，貓則是用腳尖走路。

體長 40 ～ 70 公分

跟貓不一樣。

分類 哺乳類、靈貓科　　食物 果實、蜥蜴等　　分布 印度、東南亞等

* 這裡的麝香貓是通稱，含括許多種類。臺灣也有一種麝香貓，學名是 *Viverricula indica*，中文名就叫做「麝香貓」，有時候會讓人混淆。

麝香貓的大便居然——
可以製作香氣宜人的咖啡！

世界最貴的咖啡是「麝香貓咖啡」，在咖啡店喝的話，有的一杯要價高達8000日圓！這種超高級的咖啡豆其實是從椰子貓的大便取出來的！

麝香貓的分泌物具有刺激性的氣味，一般認為是用來吸引配偶的。不過，這種分泌物沒辦法直接用來製作咖啡……

麝香貓咖啡的製作方式

1. 讓椰子貓吃咖啡的果實。
2. 咖啡豆不會被消化而隨大便排出來。

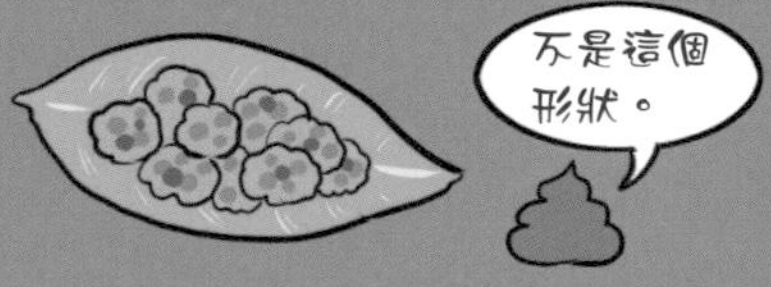

不是這個形狀。

3. 從大便中收集咖啡豆，然後加以清洗、烘焙。

咖啡豆通過麝香貓體內時，牠的分泌物會滲進咖啡豆裡而產生獨特的香氣。

嗯～～
真是有複雜層次的味道啊！
自己喝嗎？

運用類似的方法，現在也能從大象的大便中「提煉」出咖啡豆，一樣價格昂貴。好奇心很強的人應該可以試試看！

禿猴

水漾森林中的紅臉猴

分布在亞馬遜河流域最深處的小型靈長類，棲息在會淹水的森林裡。

全身覆蓋著雜亂的長毛。

亞馬遜河的水位會隨季節變換而有很大的落差，雨季時森林會泡在水裡。

尾巴很短。

能在樹與樹之間迅速移動。

從植物到小動物，什麼都吃。

禿猴的長相有點怪異，沒想到……

動物資訊

禿猴是一種猴類，名字的由來是牠們的頭上沒有毛。之所以喜歡住在雨季會淹水的森林，是因為那裡有許多牠們愛吃的巴西栗果實。

體長 38 ～ 57 公分

體型出乎意料的小。

分類 哺乳類、僧面猴科　食物 樹葉、果實、昆蟲　分布 亞馬遜流域的森林

＊ 仿自日本的電視節目「紅白歌唱大賽」，每年 12 月 31 日晚上播出。

禿猴居然——
跟人類非常相像！

禿猴最搶眼的特徵，就是牠那張紅色的臉，讓人聯想到日本的鬼怪「赤鬼」*！其實是因為禿猴臉部的脂肪很薄，可以清楚看見血管中流動的鮮紅血液，所以臉看起來紅通通的。

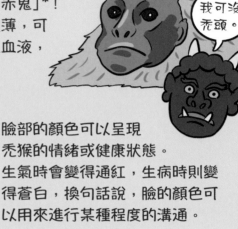

我可沒禿頭。

生氣的禿猴
沮喪的禿猴
微笑的禿猴

臉部的顏色可以呈現禿猴的情緒或健康狀態。生氣時會變得通紅，生病時則變得蒼白，換句話說，臉的顏色可以用來進行某種程度的溝通。

禿猴的外貌不是很賞心悅目，但是牠們憤怒、喜悅等感情很豐富，跟人類非常相似。

因為這樣，有些民族雖然會吃猴子，卻絕對不會吃禿猴。

禿猴雖然樣貌和生活方式和我們差異很大，但這些奇妙的靈長類還是多多少少和我們有相似的地方……世界真是處處充滿了奧妙呢！

極度憤怒的禿猴
鬼出去！※
刺痛！
刺痛！
你在做什麼！
不是牠啦。

＊日本傳說中的鬼怪，形象大多是全身紅色、披頭散髮、頭上長角、嘴有獠牙。
※日本在節氣立春的前一天，也就是「節分」，會撒豆驅鬼。撒豆子時會說：「鬼出去，福進來」。

懶猴

惹人憐愛的眼睛

眼睛圓滾滾的，讓人無法抵擋的可愛猴類。

猴類之中，跟狐猴、指猴的親緣比較近。

主要的食物是樹液。

常倒掛在樹枝。

名副其實，動作非常緩慢。

知名的流行歌手「女神卡卡」覺得懶猴是非常可愛的寵物，原本預定讓懶猴在她的音樂影片中演出，沒想到……

動物資訊

全世界一共有五種懶猴，可是每一種都瀕臨滅絕。牠們會用大大的眼睛搜尋獵物，然後偷偷接近，再出其不意的伸手捕捉。

體長 30 公分

能像蝙蝠那樣用腳倒掛著。牠們都是夜行性動物。

分類 哺乳類、懶猴科　食物 樹液、花蜜、昆蟲等　分布 東南亞

懶猴居然是——
會致命的有毒動物！

懶猴是世界上唯一有毒的靈長類！

毒液！
危險！
叭啊——
會舔手臂上腺體分泌的毒素，讓唾液變得具有毒性！
威嚇的姿勢！
舔舔！
舔舔！

還會舔遍全身，好讓身體沾滿毒液，保護自己不被敵人攻擊。

拍攝影片時，懶猴竟然咬了女神卡卡一口，所以牠的演出就被取消了。

三帶犰狳

滾來滾去的圓球

生活在南美洲的熱帶草原，身上穿著皮膚硬化而成的「盔甲」。

盔甲與身體之間可儲存空氣以維持體溫。

視力很差，靠嗅覺尋找獵物。

察覺危險時，會把身體捲成球形。

用堅硬的盔甲保護柔軟的腹部。

犰狳之中能把身體捲成球形的，只有巴西三帶犰狳和南方三帶犰狳兩種。

像烏龜一樣具有堅硬防禦的犰狳，看起來很笨重，沒想到……

體長 30 ～ 37 公分

動物資訊

犰狳的種類超過20種，大多很擅長挖掘洞穴，藏身在地洞裡。三帶犰狳能把身體捲成密合的球形來保護自己，所以不需要躲在洞裡，也就不太常掘土挖洞。

分類 哺乳類、犰狳科　食物 昆蟲、蚯蚓、蜥蜴　分布 巴西

犰狳居然——跑得很快，真是令人訝異！

犰狳一向給人悠哉的印象，沒想到動作竟然異常的敏捷迅速！

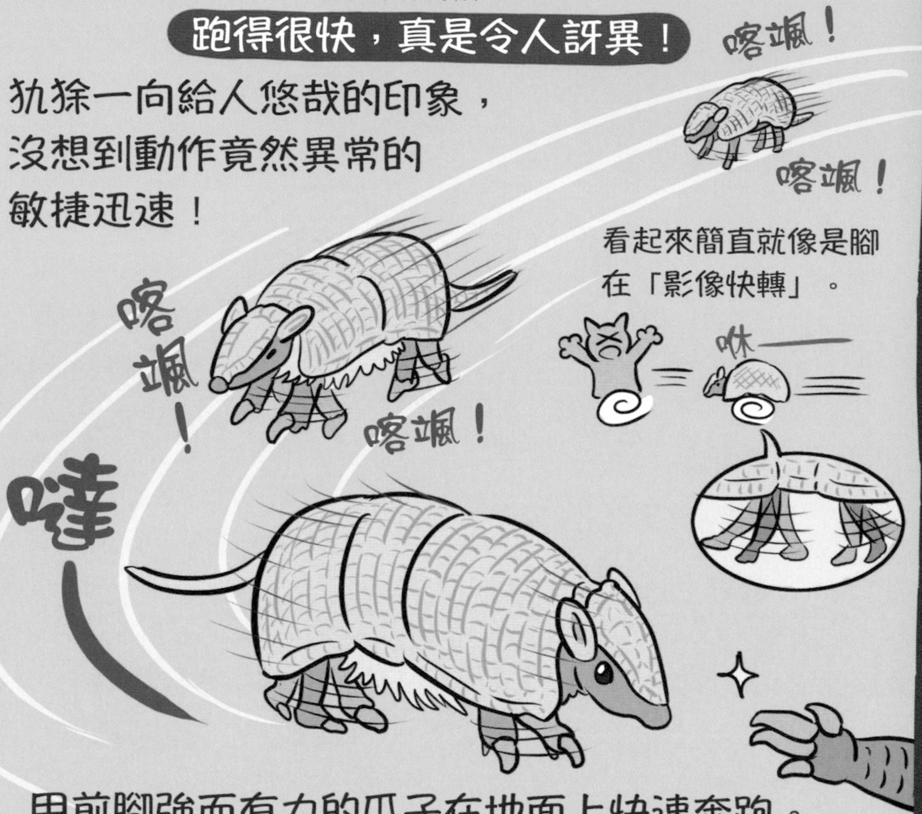

喀颯！
喀颯！
看起來簡直就像是腳在「影像快轉」。
喀颯！
咻——
喀颯！
噠—

用前腳強而有力的爪子在地面上快速奔跑。

犰狳雖然體型不大，卻具有非常堅硬的盔甲，連美洲豹等猛獸的利牙都沒辦法咬穿，而且行動敏捷又迅速，光看外表根本無法想像，犰狳實在是韌性強大的動物啊！

新伊索寓言

龜、兔、犰狳賽跑

好硬！
欲速則不達。
緊急時就捲成球。
滾！
滾！

星鼻鼴

星光鼻子

鼻子像星星的光芒！

鼻子有 22 根突起，全部都是靈敏無比的感測器，靈敏度是人類手的六倍。

會像鼴鼠那樣在土裡挖洞。

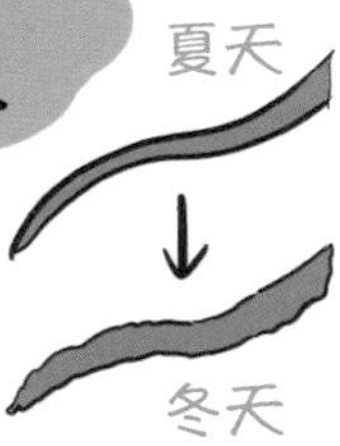

尾巴的粗細在夏天和冬天會有兩倍左右的差異，是為了要抵禦寒冷的冬天而把脂肪儲存在尾巴。

視力不好，會用鼻子不斷碰觸周圍的泥土來尋找獵物。鼻子動得非常快，每秒就碰觸 12 次！

動物資訊

星鼻鼴的體型比日本的鼴鼠小，居住用的隧道也在比較淺層的地方。鼻子的突起不只能用碰觸來感測獵物，也能感測到微弱的電流，找出躲藏的獵物。

體長 9～12 公分

分類 哺乳類、鼴鼠科　食物 蚯蚓、蛭類、水生昆蟲　分布 北美洲東北部

星鼻鼴居然——
能咻咻咻的游泳！

星鼻鼴狩獵的場所不是只有地底下，
牠在水中也能敏捷的游泳！

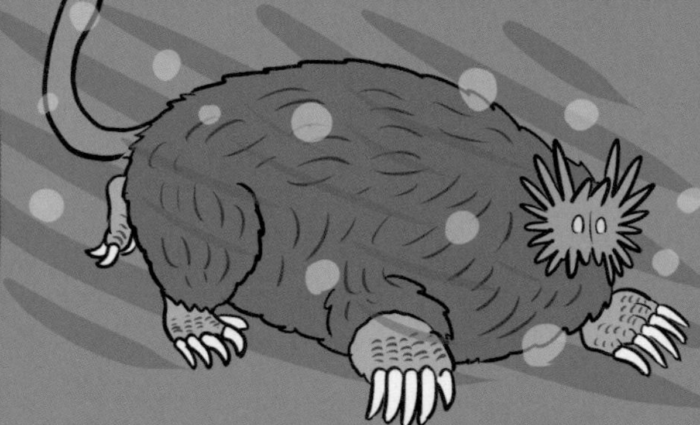

在 30 多種鼴鼠中，
星鼻鼴是唯一生活在
濕地、沼澤的鼴鼠。

沼澤鼴鼠

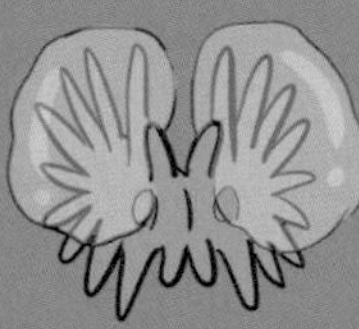

牠會在水中呼出
氣泡，再迅速把氣
泡吸回去，藉由吸
吐氣泡來嗅聞味道，
尋找水裡的獵物。

從魚的角度來看，
可能就像恐怖電影
那樣可怕吧！

豪豬

來吧！刺刺的森林

全身覆蓋著尖銳的刺，和老鼠、松鼠一樣屬於囓齒類！

刺是毛髮硬化而成的，長度可達 30 公分。

察覺危險時，會把刺豎起來進行威嚇！

颯—

冠豪豬

刺脫落了會再長出新的刺。刺上的黑白條紋是警告色調，表示「危險勿近」！

就連肉食性的猛獸也很怕牠們！

咕唉！
活該！
心情愉快。

平交道

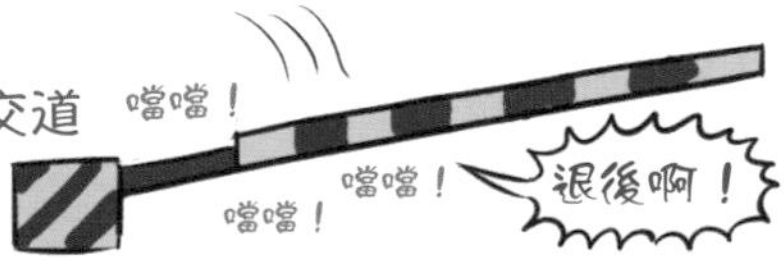
噹噹！
噹噹！
噹噹！
退後啊！

剛出生時，刺是軟的，過幾天才會變硬。

搖搖！
晃晃！

體長 60 ～ 100 公分（冠豪豬）

動物資訊

豪豬的刺是空心的，威嚇敵人的時候會搖擺刺而發出聲音。美洲也有豪豬，不過和非洲、亞洲的豪豬差別很大，並不是近親。美洲的豪豬是樹棲性的，生活在樹上。

沙山豪豬

放我出去！

分類 哺乳類、豪豬科　食物 根、種子、果實、動物屍體的骨頭　分布 非洲

什麼「豪豬的兩難」——豪豬根本不在乎啊！

又稱為「刺蝟的兩難」。

到底是哪個！

聽過「豪豬的兩難」嗎？

這個用語是藉由豪豬的行為來描述矛盾的心理狀態：豪豬為了取暖而彼此靠近，可是身上有刺，太接近就會刺傷對方……

真想當好朋友。
看什麼看？
啥？
我才沒看呢！

人與人之間有時候就像這樣，心裡想成為好朋友，卻不太能採取行動接近。所以「明明想接近卻又無法靠近」就可以說是「豪豬的兩難」。

但是，現實中的豪豬根本不會陷入這種兩難的困境！牠們會把刺放平、不讓刺豎起來，相安無事的靠近。

明明是同類……不，就因為是同類，才會對於彼此之間的距離猶豫不決，難以拿捏。這是人類才會有的煩惱吧！

長鼻猴

叢林裡的「天狗」*

分布在東南亞婆羅洲島熱帶雨林中的猴類。

在河邊生活，可避免被猛獸獵捕。

公猴的鼻子又大又長，跟日本傳說中的天狗很像。鼻子愈大就會愈受母猴歡迎。

取食的植物多達 188 種。

不能吃甜的果實。
長鼻猴的胃雖然能消化植物，但是甜的果實會在胃裡迅速發酵而引發脹氣，甚至會導致死亡！

肚子大而圓。
吃其他猴類不吃的葉子或未成熟的果實，以避免彼此食物競爭。

悠哉悠哉的長鼻猴性情溫和且文靜，沒想到……

動物資訊

肚子之所以又圓又大，是因為牠們的腸子很長，也因此能把不好消化的樹葉變成養分，獨占其他動物沒辦法吃的樹葉，所以不會有缺乏食物的問題。

體長 70 公分（公）、60 公分（母）

讓長鼻猴什麼都不想做的椅墊

一天大約八成的時間都在休息。

分類 哺乳類、獼猴科　食物 樹葉、果實　分布 婆羅洲島

* 長鼻猴的日文名直譯是「天狗猴」，天狗是日本傳說中的生物，具有長鼻子。

長鼻猴居然——
會泳渡有鱷魚的河流！

長鼻猴的泳技出乎意料的好，也是靈長類中屈指可數的游泳健將！

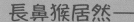

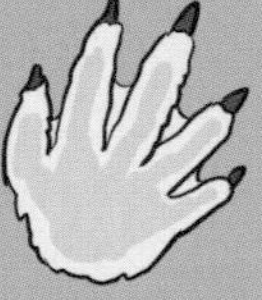
手上有蹼。

游泳讓牠們可以廣泛的移動，擴大覓食的範圍，因而獲得比較多的食物。

儘管在水中得冒著被鱷魚或蟒蛇攻擊的危險，長鼻猴還是選擇以游泳來移動，

牠們的姿態看起來是不是勇敢又有決斷？真可說是「該做的時候就去做」的猴子！

* 日本傳說中的生物，居住在河流或沼澤裡，具有鳥嘴、猴身和龜殼。

一角鯨

海裡的獨角獸

頭部長著長角的鯨豚！

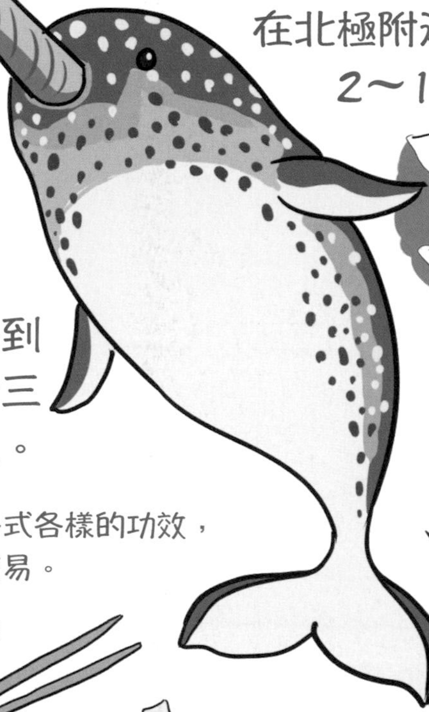

只有雄鯨有角。

在北極附近海域或河流，2～10頭成群生活。

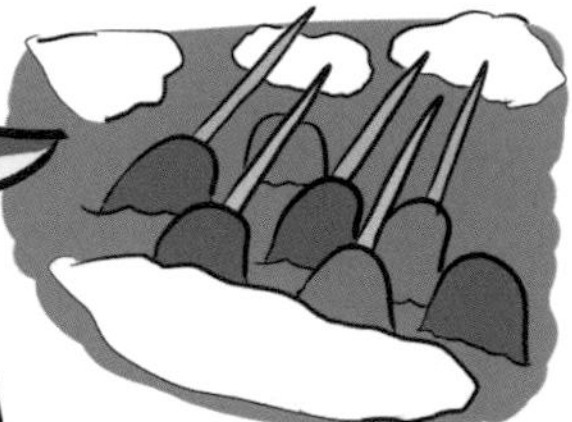

可長到將近三公尺。

有人認為牠們就是傳說生物「獨角獸」的原型。

一角鯨的由來

傳說角具有各式各樣的功效，所以被拿來交易。

也有長兩支角的一角鯨。

吃魷魚、魚類等動物。

動物資訊

跟白鯨的親緣非常近。一角鯨能夠發出超音波來偵測獵物的位置，還會潛到很深的海裡去尋找獵物，最深可潛到 1500 公尺深！

體長 4～6 公尺

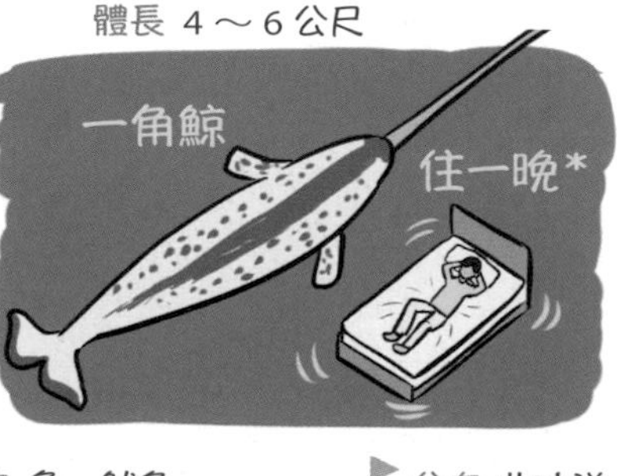

分類 哺乳類、一角鯨科　食物 魚、魷魚　分布 北冰洋

＊ 日文拼音 ippaku 與一角鯨 ikkaku 相似。

一角鯨的角居然——
不是角，而是牙齒！

一角鯨頭上又長又銳利的角，其實並不是角，而是牙齒！

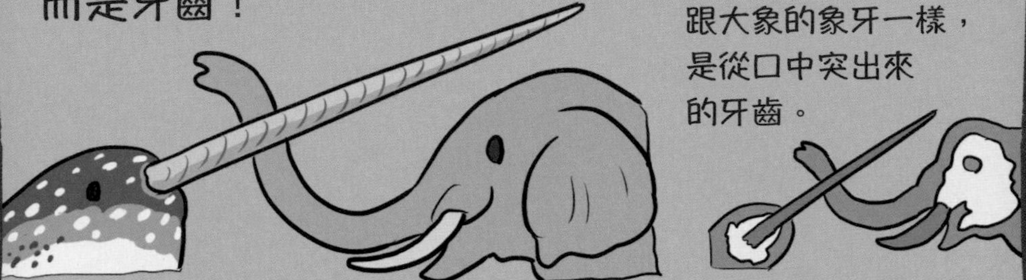

跟大象的象牙一樣，是從口中突出來的牙齒。

這顆長牙有什麼功能和作用，目前還不明確……

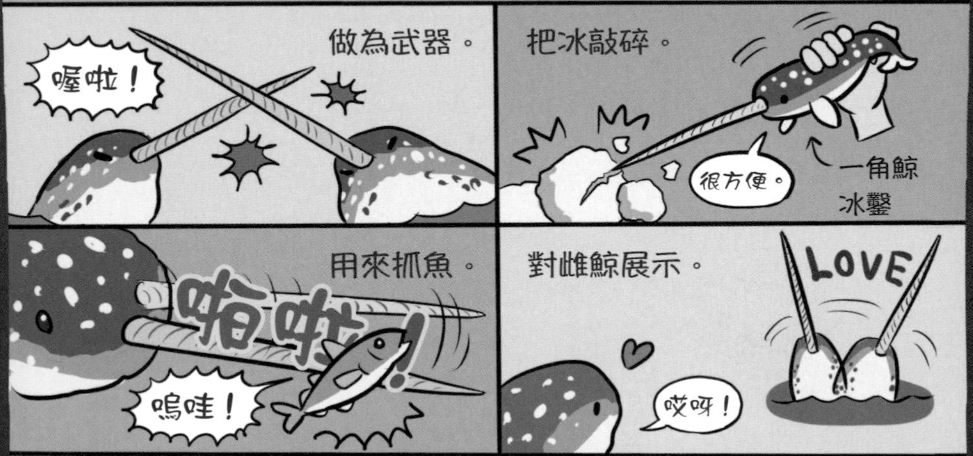
做為武器。
喔啦！
把冰敲碎。
很方便。
一角鯨冰鑿
用來抓魚。
啪啦！
嗚哇！
對雌鯨展示。
LOVE
哎呀！

最近最有力的說法是，長牙是感覺器官。一角鯨的長牙有許多神經分布，十分敏感，可用來感測周圍的環境。

牙齒保健週

嘰！
好酸好痛！

真是充滿各種可能性的神祕之角……不，是神祕的「敏感性牙齒」！

北美負鼠

很會裝死喔！

分布在美洲大陸的有袋類動物。

和無尾熊、袋鼠是親戚。

負鼠也擅長爬樹。

以「擅長裝死」聞名：眼睛睜開、嘴巴打開、舌頭吐出來，還會分泌難聞的液體而帶有屍臭味，表演得非常澈底。

趁著掠食者感到驚訝時，找機會逃走。

動物資訊

全世界的負鼠總共有87種，其中最有名的是分布在中北美洲的北美負鼠。雜食性，什麼東西都吃，還會在城鎮中翻撿垃圾。

體長 33～55 公分

分類 哺乳類、負鼠科　食物 小動物、果實等　分布 北美洲～中美洲

負鼠養兒育女——
真的超級辛苦！

負鼠也叫做「負子鼠」，會背負著小孩。對負鼠來說，養育後代就是這麼辛苦！

負鼠媽媽懷孕的期間很短，只有12～14天。剛出生的寶寶會努力爬進媽媽的「育兒袋」，也就是育幼用的袋子。

剛出生的寶寶只有蜜蜂那麼大。

有些還沒抵達育兒袋就死掉了。

有時候，一胎會生下20隻寶寶。

不過，負鼠媽媽的乳頭數目是固定的，實際上能存活下來的寶寶只有一半左右。

因為負鼠從小就跟死亡很接近，所以才很擅長裝死嗎？

裸鼴鼠

在地下跑動的裸體動物

在漆黑地底下生活的無毛鼠輩！

暴牙裸梅乾

皮膚皺巴巴的。

突出的牙齒非常敏感，可感測周遭的環境。

生活在又大又複雜的地下巢穴，就像迷宮一樣。

跟螞蟻、蜜蜂類似，過著以「鼠后」為中心的社會生活。這種特性在哺乳類中非常罕見。

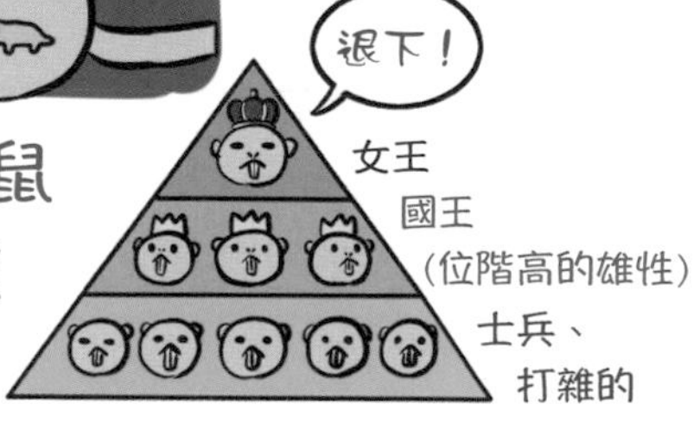

體長 8～9公分

動物資訊

裸鼴鼠擁有非常特殊的能力，因而備受注目。其中一項能力是，能在氧氣很少的環境下存活；另一項則是，即使年紀大了，身體機能也不會馬上衰退。

分類 哺乳類、濱鼠科　食物 植物的根等　分布 非洲東部

裸鼴鼠居然——有當睡墊的成員！

裸鼴鼠過著社會性的群體生活，有女王、士兵、勞工等各種不同的角色，沒想到其中居然還有當「睡墊」的成員！

女王產下寶寶之後，負責擔任睡墊的裸鼴鼠就會趴在地上，做為寶寶的睡墊。

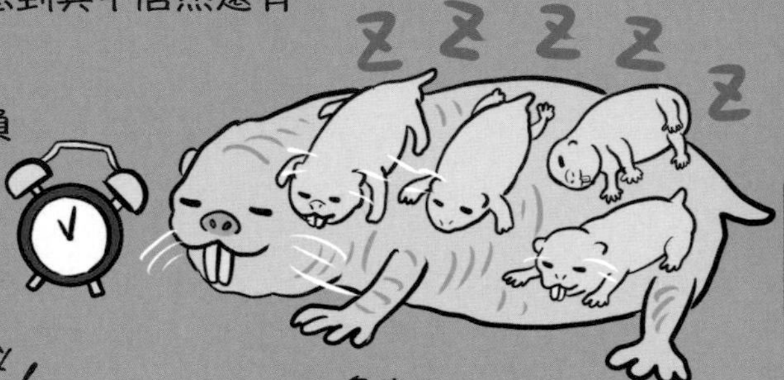

負責當睡墊的成員可以睡到很晚。

身上沒有毛，所以不太能調節體溫。

地底下溫度變低時，嬌小的寶寶會最先失溫，所以用身體來為牠們取暖。重要的寶寶暖和了之後，再為女王保暖。

寶寶堆疊在身上取暖。當女王也跳到身上時，大概會覺得無法呼吸吧！

不過，裸鼴鼠的韌性很強，在沒有氧氣的狀態下也能存活 18 分鐘！對於這樣的擠壓，應該會覺得稀鬆平常吧！

海牛

安詳的水中巨獸

在水中自在游泳的大型動物。

鼻面上長著許多鬍鬚，會用鬍鬚來碰觸、區別食物。

主要吃水中的植物。一天要吃掉數十公斤的食物，差不多有自身體重 10%那麼重。

可用尾巴的形狀來區分海牛和儒艮

儒艮

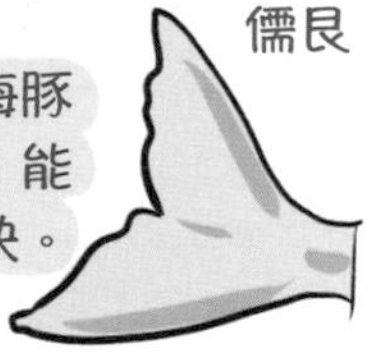

尾巴和海豚的很像，能游得很快。

海牛

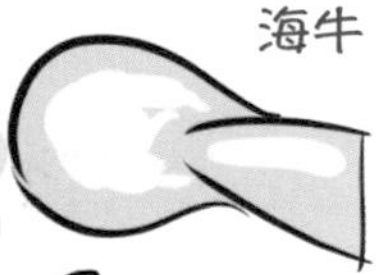

圓扇型尾巴，沒辦法游得很快，但活動很靈巧。

生活在水中的哺乳動物，以草為主食的很少見。

一般認為，海牛是傳說生物「美人魚」的原型，沒想到……

動物資訊

海牛跟大象的親緣最接近，一般認為，牠們在數千萬年前就存在了。史特拉海牛十分巨大，體長可達八公尺，但受到人類大量捕殺，在兩百多年前滅絕了。

分類 哺乳類、海牛科　食物 水邊的草　分布 加勒比海沿岸、河口

* 仿自電影《外星人》。Mana.T. 改自原片名 E.T.，唸起來就是海牛的英文 manatee。

海牛居然——
跟陸地上的大象是親戚！

海牛因為泳姿優雅而成為美人魚傳說的原型。雖然和海豹、海豚等哺乳類有很多共同點，但親緣上卻是跟大象最接近！

海牛和大象、蹄兔是很久很久以前從一個共同的祖先演化而來的。

嗨！

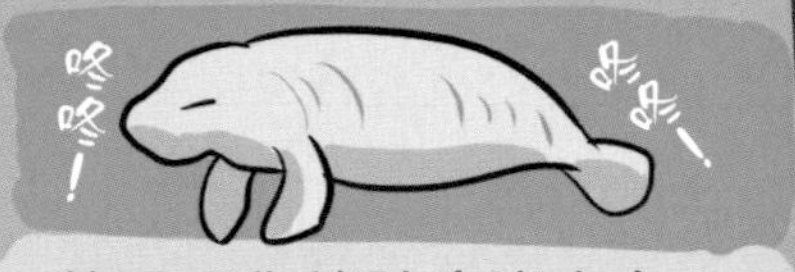
咚咚！
咚咚！

能用兩隻鰭肢在海床上步行移動。

海牛鰭狀的前肢跟大象的腳很像，算是演化留下來的證據。

海牛體型巨大，必須取食大量的水草。水草所含的酸性物質，還有不小心和水草一起吃進嘴裡的沙子，都會不斷磨損牙齒。

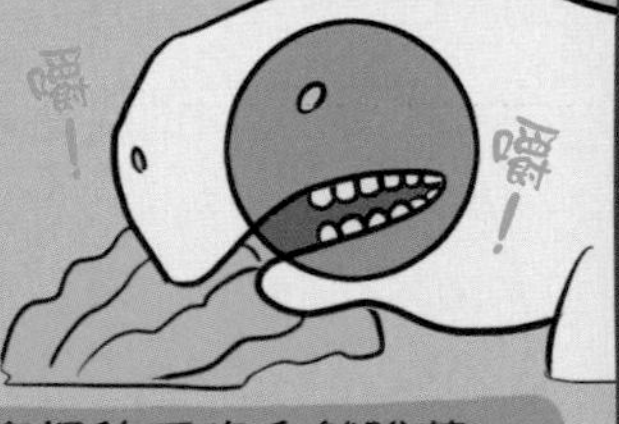
嚼！
嚼！

磨損的牙齒自然脫落，後方的牙齒往前推移。

不過，牠們會不停長出新牙齒，不必擔心沒有牙齒。能不斷換牙的哺乳類很少，只有大象、袋鼠和海牛而已。

海牛能像美人魚那樣優雅的游動，又像大象那樣食量驚人，綜合了優雅與威嚴……真是難以捉摸的動物啊！

大吃！
大吃！
大吃！
大象
海牛
美人魚
大胃王比賽

翻車魨（俗稱「曼波魚」）

在海中漂蕩的重量級魚類

世界最大、最重的硬骨魚*！

居然是河豚的近親！

腦跟花生差不多大，約有 4 公克。

重量可達 2.5 公噸，跟亞洲象的母象一樣重。

能夠潛到 800 公尺深的海裡。

是產卵最多的魚類，一次就能產下 8000 萬～3 億顆的卵，很驚人！

表皮有粒狀突起。

以魷魚、水母、浮游生物等為食。

小時候的身體外形跟日本的金平糖※很像。

翻車魨獨特的體型究竟有著什麼樣的祕密呢？

動物資訊

皮膚上有很多寄生蟲，為了擺脫寄生蟲會跳出海面。目前已經知道，海鳥會趁著翻車魨浮在海面做日光浴時，啄食牠們身體上的寄生蟲。

體長 2.8 公尺

在海面做日光浴。

分類 魚類、翻車魨科　食物 水母、蝦、螃蟹等　分布 世界各地的溫暖海域

* 鯊魚、魟等軟骨魚以外的魚類。

※ 一種形狀像星星的日本傳統糖果。

翻車魨具有——
非常獨特的骨架！

雖然從外觀不容易看出來，但其實翻車魨的骨架很特別，在魚類之中與眾不同！

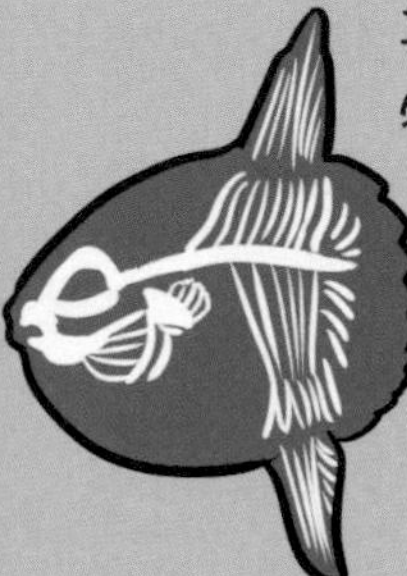

形狀像弓。

和其他魚類不同，沒有尾鰭。

上下延伸的鰭很像鳥類的翅膀。

上下各有一個像鳥喙的齒板。

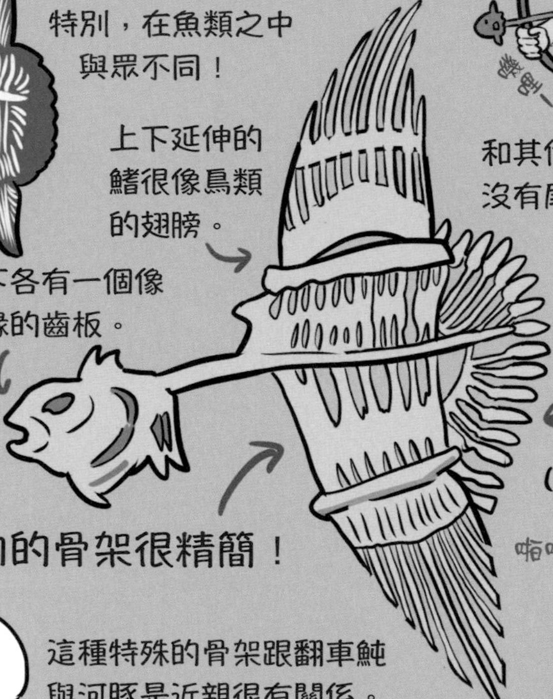

看起來像尾鰭的部分是「舵鰭」，用來轉換方向。

體內的骨架很精簡！

舵鰭是背鰭和部分臀鰭向後延伸，相連而形成的。

這種特殊的骨架跟翻車魨與河豚是近親很有關係。

河豚為了不讓自己被天敵一口吞下，會把身體鼓脹起來，因此骨頭變得很礙事。

為了生存而把身體發展到極限的翻車魨，和河魨一樣，肚子周圍沒有骨頭。

獨特的體型就是翻車魨適應海洋的證明！不過，翻車魨的生活習性依然充滿謎團。

＊翻車魨的日文唸起來是 man-bow，也就是 man 弓。

巴西達摩鯊

餅乾怪獸？

身體細長如棍棒，生活在深海的小型鯊魚。

骨骼堅硬，嘴的咬合力強大！

眼睛很大，可在深海中看見微弱的光線。

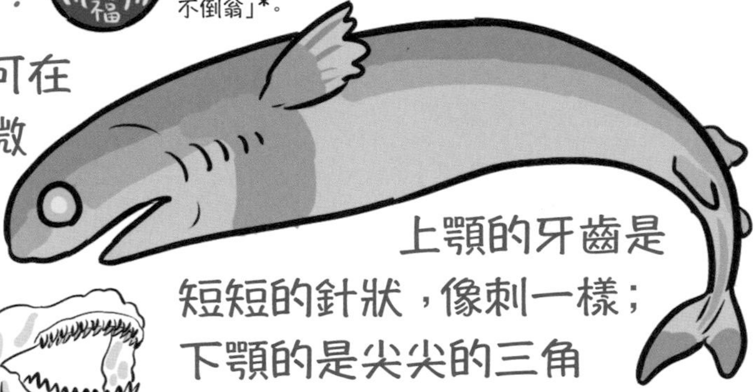

上顎的牙齒是短短的針狀，像刺一樣；下顎的是尖尖的三角形，像牛排刀那樣。

會把自己脫落的牙齒吞下去，以補充鈣質。

英文名 cookie cutter shark，意思是「餅乾模鯊魚」，聽起來感覺好可愛！

鯊魚餅乾

沒想到，巴西達摩鯊具有非常可怕的習性……

動物資訊

深海鯊魚，一般認為牠們棲息在深度1000公尺左右的海裡，但是調查發現，牠們會在1～3000公尺之間上上下下尋找獵物。牠們的腹部具有發光器，能讓身體發光。

體長 56 公分

分類 魚類、鎧鯊科　食物 大型魚類、鯨豚的肉　分布 世界各地的海洋

* 這種鯊魚日文漢字寫成「達磨鮫」。「達磨」是指佛教的達摩祖師，日本的不倒翁常以達摩為造型，所以也用來指稱不倒翁。

巴西達摩鯊居然——會剜獵物的肉來吃！

巴西達摩鯊的覓食行為非常獨特，會纏上比自己大的鮪魚等魚類或海豹，用銳利的牙齒挖取牠們的肉來吃。

偷偷的逼近獵物，然後把嘴巴張得很大，緊緊咬住獵物的身體！接著旋轉身體，把獵物的肉剜下來！只要轉半圈左右，就能把獵物的肉扯下來。

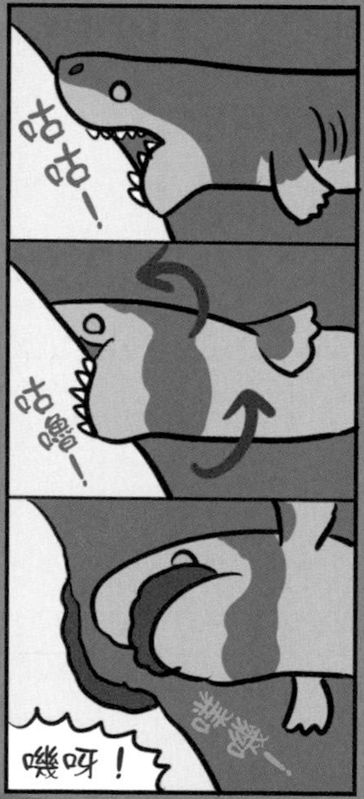

獵物的身體上就會留下一個像是被冰淇淋勺子挖取過的傷口。

獨特的咬痕，就是英文名「餅乾模」的由來。

凶狠的巴西達摩鯊也會不小心咬到潛水艇或海底電纜等太過堅硬的東西，也是有天兵的一面呢！

大鰭後肛魚

在深海中發光的綠眼睛

外觀非常奇特的深海魚，
具有膨大的綠色眼睛，
以及透明半球型的
頭部！

吃附著在水母觸手上的小型獵物時，透明的「保護罩」可保護眼睛，避免受到水母的觸手傷害。

嘴巴上面的黑色圓點不是眼睛，而是鼻孔。

眼睛朝上，能找到在上方游泳的獵物。

動物資訊

生活在水深400～800公尺的深海魚。很少觀察到活體，生活習性不明。有許多不可思議的同類，像是腹部會發光的望遠冬肛魚、有四隻眼睛的南非透吻後肛魚等。

體長 15 公分

日文漢字寫成「出目似鱚」，因為牠是「外形像鱚魚*但眼睛凸出」的魚。

分類 魚類、後肛魚科　　食物 水母、蝦等　　分布 太平洋等

* 臺灣稱為「沙鮻」。日文拼音為 kisu，與英文 kiss（親吻）諧音。

大鰭後肛魚的眼睛居然——也可以朝向前方！

眼睛一直朝著上面，不會很不方便嗎？
你也許會這麼想，但是……

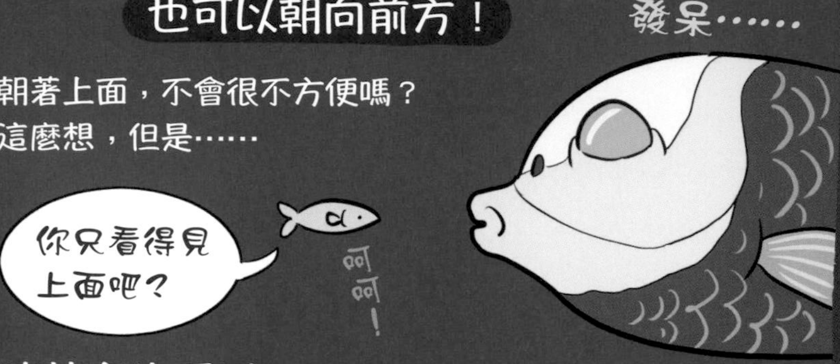
發呆……
你只看得見上面吧？
呵呵！

牠的眼睛其實也可以朝向前方！

嗚哇！
瞪大眼睛！

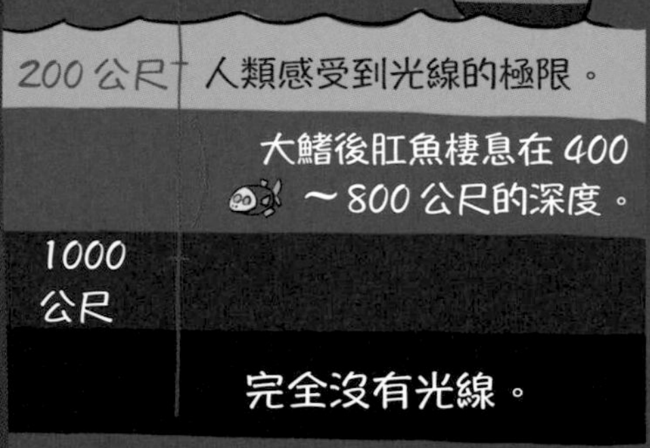
200 公尺
人類感受到光線的極限。
大鰭後肛魚棲息在 400 ～800 公尺的深度。
1000 公尺
完全沒有光線。

牠的眼睛還能接收到深海處微弱的光線，在漆黑之中可以找到獵物。

我會看著你！
I'm Watching You

這種超高性能的「凸眼」，是為了在嚴酷的深海「捉迷藏」中生存下來！

海 馬

漂蕩的海中之馬

讓人聯想到馬的外形，極為奇妙的海中生物。

體型很小，身體像牙籤那樣細。

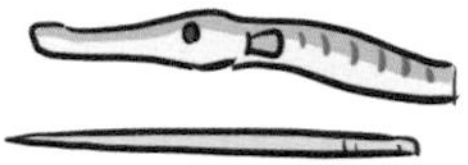

嘴巴像滴管，用來吸食水中的浮游生物或甲殼類。

身體覆蓋著堅硬的骨板。

把尾巴捲在珊瑚或海藻上生活。

不擅長游泳，天氣很糟、海況極差時，就有可能會死掉。

動物資訊

外形看起來完全不像魚，卻是貨真價實的魚類，眼睛後方有鰓蓋和胸鰭。許多種類會讓自己的外觀酷似海藻或珊瑚以便躲藏，並用尾部捲纏住海藻、珊瑚，固定身體。

體長 1.5 ～ 35 公分

分類 魚類、海龍科　　食物 浮游生物　　分布 世界各地的溫暖海域

海馬居然是——
雄性生孩子！

海馬是由雄性「懷孕產子」的動物，非常罕見！

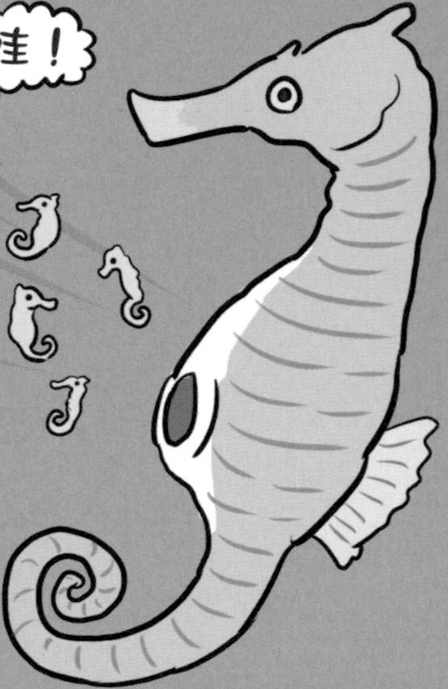

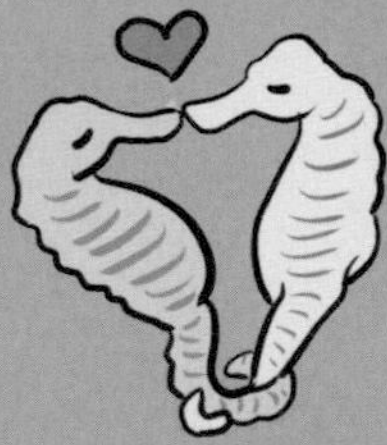

雄海馬腹部有一個袋子，繁殖期時，雌海馬就把卵產在雄海馬的袋子裡。雄海馬會細心的照顧卵。

經過2～3週，卵就會孵化。幾隻幾隻的把海馬寶寶釋出到水中的景象，既神奇又可愛。

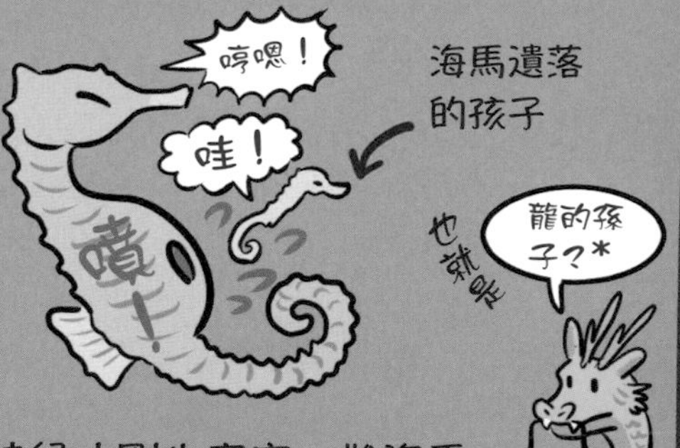

有時候才剛生產完，雌海馬又馬上帶著卵過來……

* 海馬的日文名直譯是「龍遺落的孩子」，所以「龍遺落的孩子遺落的孩子」就變成龍的孫子。

疏刺角鮟鱇

在昏暗的深海裡出沒

棲息在深海的奇妙魚類。

頭上延伸出來的釣竿是第一背鰭的鰭棘特化而成，末端稱為「餌球」。

餌球裡面含有會發光的微生物，所以能發出光。

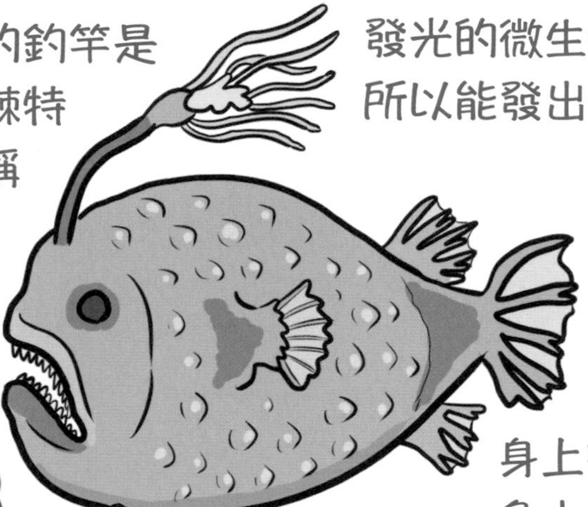

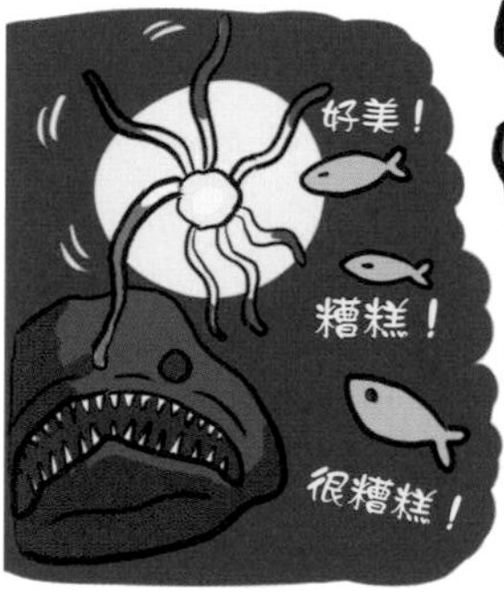

身上有許多小小的突起。

相對於身體，嘴巴的開口朝向上方。

餌球會發光並緩緩擺動，引誘獵物前來。

日本人習慣吃的「鮟鱇魚火鍋」，食用的鮟鱇魚主要是生活在淺海的黃鮟鱇。

動物資訊

生活在水深600～1200公尺的深海魚，偶爾會上浮到比較淺的地方。雖然在日本的海域也有發現，但是在大西洋發現的次數比較多，生態習性目前還不清楚。

體長 38 公分（雌）、4 公分（雄）

英文名是footballfish（橄欖球魚）。

分類 魚類、疏刺角鮟鱇科　食物 魚、甲殼類　分布 大西洋、太平洋

疏刺角鮟鱇的雄魚居然──
會成為雌魚身體的一部分？

疏刺角鮟鱇的雄魚，體型遠比雌魚來的小。短小的牠們被稱為「矮雄魚」。

矮雄魚的存在是為了繁殖。繁殖時，疏刺角鮟鱇的雄魚會咬住雌魚的身體，過著寄生的生活。

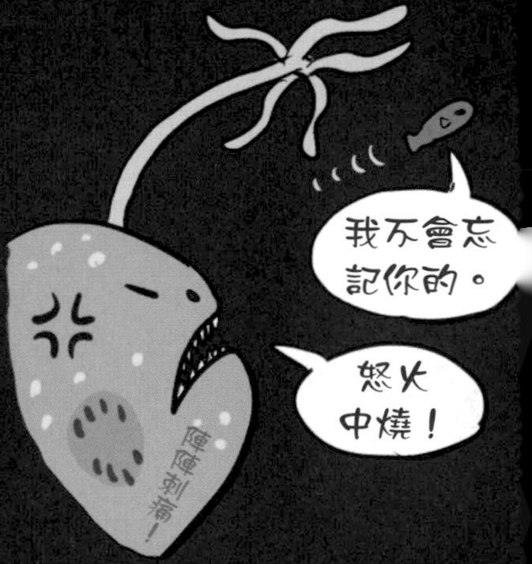

繁殖結束後，雄魚會回到單身狀態，在廣闊的深海裡自由生活。像疏刺角鮟鱇這樣的寄生型態，稱為「暫時寄生」。然而，深海中還有其他鮟鱇魚過著更驚人的寄生生活……

※ 最近有科學家認為，這並不是只有單方面獲利的「寄生」，而是雙方都有獲得好處的「共生」。以疏刺角鮟鱇來說，雄魚是自己主動去咬住雌魚，以便確實留下自己的後代，雌魚則不必為了尋找雄魚而消耗能量，所以對雙方來說都是有利的。

密棘角鮟鱇的雄魚也會咬住雌魚，
但是繁殖結束後，雄魚會一直附著
在雌魚身上，不會離開……

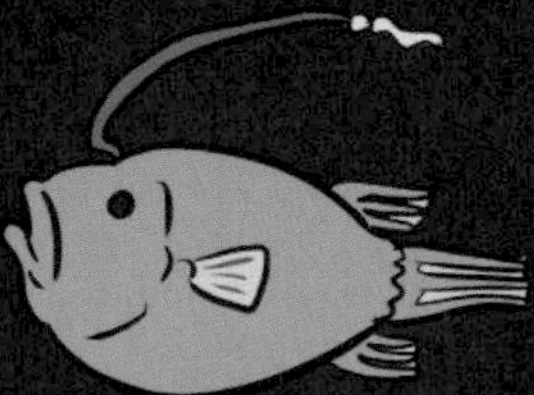

而且雄魚的皮膚、血管等
還會和雌魚相連，不斷從
雌魚身上獲得養分。

最後，雄魚的眼睛和內臟
等都會退化，變成像肉瘤
般的突起。弱小的雄魚沒
有遇到雌魚，就會死掉。
這種寄生型態稱為「專性
寄生」，雄魚必須選擇變
成肉瘤，還是迎接死亡。

一條雌魚身上
會有２～３條
雄魚附著。

還有一種型態是可寄生也可
不寄生，稱為「兼性寄生」。
例如喬氏莖角鮟鱇，單身也能活
著，可是一旦附著到雌魚身上，
就再也沒辦法離開。雄魚的選擇
是：一輩子單獨生活，或是繁殖
但變成肉瘤……

疏刺角鮟鱇的生態令人覺得有點毛骨悚然，但是又很奇妙有趣。
在食物很少的深海中，這其實是非常傑出的生存策略呢！

＊ 鮟鱇魚的日文拼音為 ankou，唸起來與「安可」（encore）類似。

這裡還有很多喔！

深海的鮟鱇

名字也很稀奇古怪！

生活在深海的鮟鱇魚有許多種類，全都具有驚人的特徵和不可思議的外觀！

喬氏莖角鮟鱇

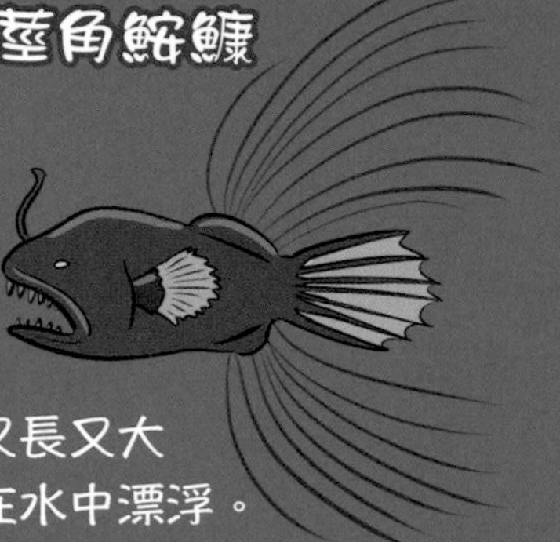

展開又長又大的鰭在水中漂浮。

龍蟾口鮟鱇

日文名直譯是「駱駝鮟鱇」。

雌魚身體圓圓的。

眼睛小、嘴巴大、牙齒銳利。

毛頜鮟鱇

頭部延伸出的長釣竿，餌球具有鉤狀突起。

日文名直譯是「暴牙魔鬼鮟鱇」。

釣竿可以收到背上的鞘裡。

獨鬚鮟鱇

頭上有像角一樣的突起。臉部中央有球形的餌球。

日文名直譯是「幽靈鬼鮟鱇」。

身體幾乎是透明的。

阿氏奇鮟鱇

非常罕見，全世界只發現兩個個體。和其他鮟鱇魚不同，身體細長。

嘴巴可以開得很大。

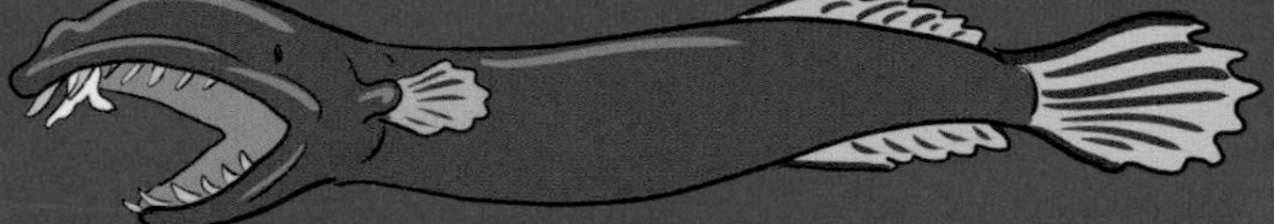

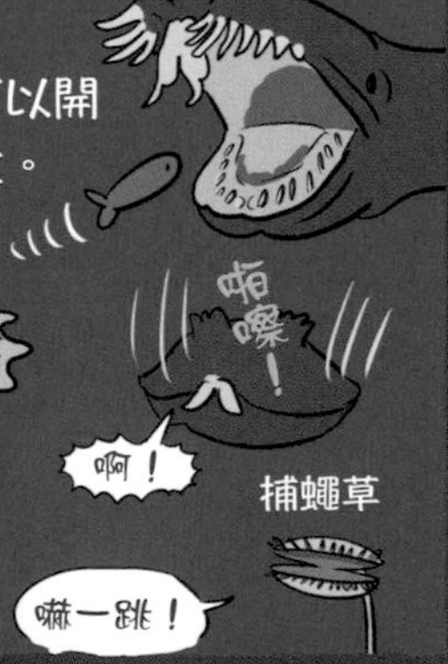

獵物進到口中，就會像捕蠅草一樣把嘴巴閉起來，真是嚇人。

裂唇魚

海中的清潔工

幫海洋生物「大掃除」的小魚。

會吃大型魚類身上的寄生蟲或老舊的皮膚。

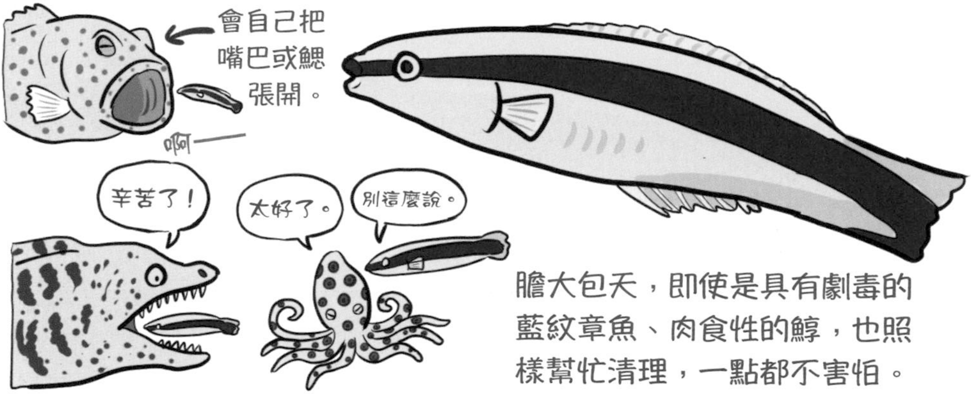

膽大包天，即使是具有劇毒的藍紋章魚、肉食性的鯙，也照樣幫忙清理，一點都不害怕。

要打掃嗎？
來了來了！
會跳獨特的舞蹈來表示「我是清潔工」！
有時候還會有魚排隊等待清理呢！
隊伍最後
還要等多久？
啊！
嗚哇！
意外事故！
不過，還是有可能被吃掉。

體長 10 公分

我們可以成為好朋友喔。
嘿！
牙刷
走開！

動物資訊

生活在珊瑚礁區，水深大約40公尺的地方，是日本沖繩和小笠原附近海域常見的種類。幫其他魚清理的景象在水族館也能看到，有機會可以觀察看看。

分類 魚類、隆頭魚科　食物 魚身上的寄生蟲等　分布 太平洋、印度洋

海裡居然有魚——
擬態成裂唇魚招搖撞騙？

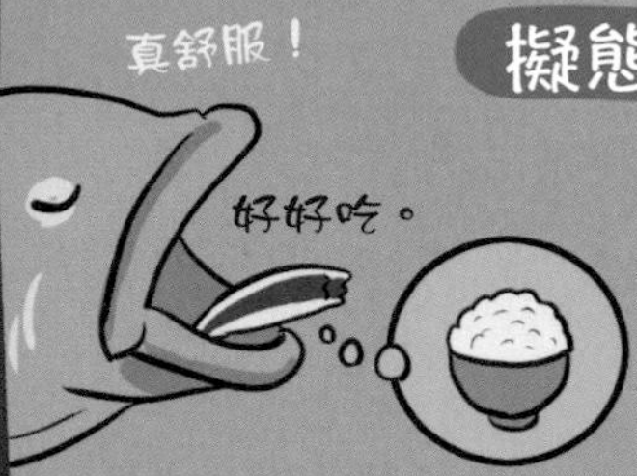

裂唇魚進行清理，並不是單純的當義工，而是有許多好處，像是輕易就有食物吃、待在強大的魚類身邊可以「狐假虎威」讓自己不容易受到攻擊。

有一種叫做「縱帶盾齒鳚」的魚想要獲得這些好處，居然擬態成裂唇魚！利用酷似裂唇魚的外觀欺騙其他魚類，趁機接近並偷襲！

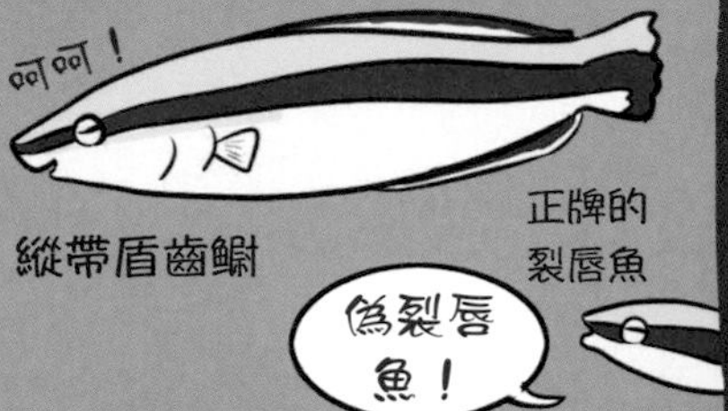

想要清理身體的魚上門光顧了……

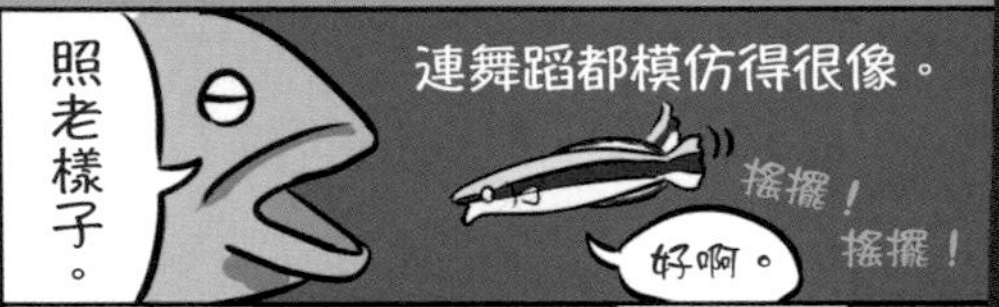

趁機把牠的皮膚或魚鰭咬扯下來！

維妙維肖的程度連水族館飼育員都分不出來！

分辨方式

嘴巴直直朝前→ 裂唇魚

嘴巴向下→ 縱帶盾齒鳚

縱帶盾齒鳚的欺騙行為目前只在飼養的水槽裡觀察到，但胃裡並沒有找到魚鰭等殘渣……縱帶盾齒鳚是不是真的會騙吃騙喝，還是牠其實並沒有那麼狡猾？真相只有魚兒知道了！

勃氏新熱鳚

諷刺的微笑？

分布在太平洋的魚類。

平時藏身在貝殼裡或岩石縫隙。英文名 sarcastic fringehead 中的 fringehead，源自於頭上像天線的觸鬚，可用來探測周圍的情況。

從岩洞探出頭來的穗瓣新熱鳚，跟牠是同類。

sarcastic 是「嘲笑、諷刺、挖苦」的意思，可能源自於牠獨特的咧嘴獰笑表情。

哼—！
你們這些下雜魚。
你不也是魚嗎？

領域性非常強，會攻擊進入領域的各種生物！

你這下雜魚！
我是章魚。
沒禮貌！
喔啦

勃氏新熱鳚的長相原本就很嚇人，竟然還有更可怕的祕密？

動物資訊

在日本有個有趣的別名，叫做「外星怪魚」。牠們的特徵是巨頭大眼、身體細長。能用頭部像天線的觸鬚感測其他魚類的存在。

體長 25 公分

分類 魚類、煙管鳚科　食物 小型魚類、蝦等　分布 美國西海岸

勃氏新熱鯯居然——
會用駭人的大嘴戰鬥！

勃氏新熱鯯的祕密在於牠的嘴巴，
捕食時會啪喀的打開巨大的嘴巴！

嘴巴張開就像電影
裡的外星怪物！

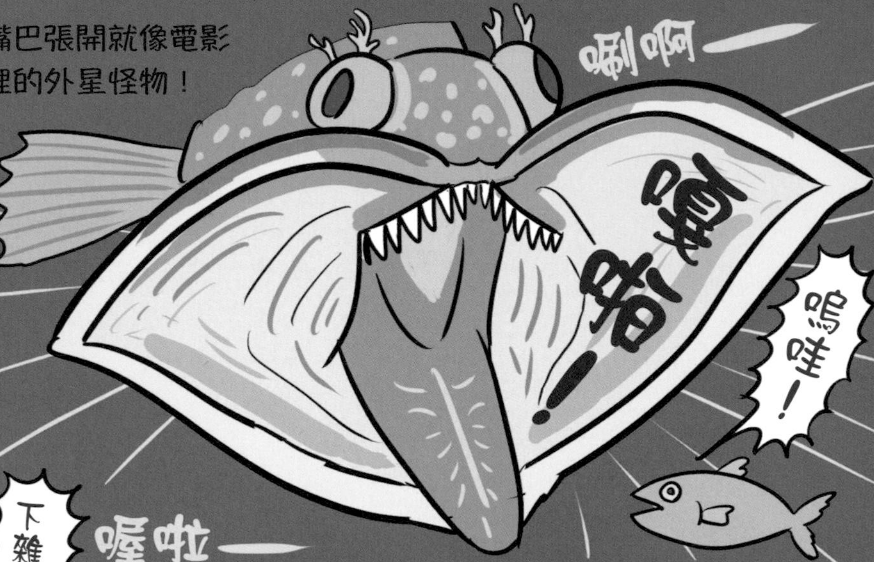

領域性很強。戰鬥的
時候會張大嘴巴，像
「相撲」那樣互撞！

完完全全就是，海中的
外星怪物用華麗的
大嘴吵架啊！

＊在日本會用「你媽是凸肚臍」來罵人。

鞭笞鵎鵼（又稱「大巨嘴鳥」）

亞馬遜空中飛行的珍寶

最大的特徵是嘴喙非常大，可達身體全長的三分之一！

這個比例是所有鳥類中最大的。

眼睛周圍為淡橘色。

雛鳥的嘴喙會逐漸變大。

求偶的時候會用嘴喙互拋果實。

也能用嘴喙靈巧的剝掉果實的外皮。

跟三個日幣10圓硬幣一樣重。

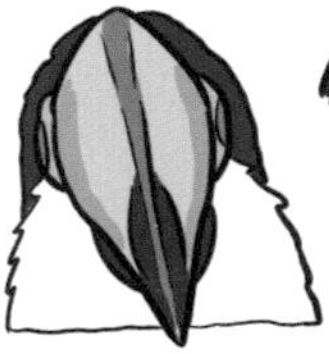

正面

骨骼很獨特。

巨大的嘴喙只有15公克重！

嘴喙內部不是實心的，而是像蜂窩狀的構造，又輕又堅固。

體長 61 公分

動物資訊

給人的印象是棲息在叢林中，但其實是生活在樹木不連續生長的稀疏樹林裡。非常喜歡果實，即使是長在樹枝末稍很難取下的果實，也能用嘴喙靈巧的啄下來。

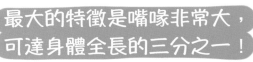

香蕉

分類 鳥類、鵎鵼科　食物 果實、昆蟲、蜥蜴、鳥蛋　分布 玻利維亞～巴西

沒想到，鞭笞鵎鵼的嘴喙——
功能跟大象的耳朵很像！

一般鳥類透過呼吸以及展開翅膀來散熱、調節體溫，但是研究發現，鞭笞鵎鵼巨大的嘴喙可用來調節體溫。

周圍的氣溫上升時，鞭笞鵎鵼的嘴喙溫度會上升，但相對的，體溫不會上升。巨大的嘴喙布滿了細微的血管，能把體內的熱散發出去。

嘴喙的散熱機能跟大象的耳朵旗鼓相當！

鞭笞鵎鵼的嘴喙和非洲象的耳朵，與空氣接觸的面積都很大，因此能夠以很高的效率冷卻血液，來幫助身體散熱。

鞭笞鵎鵼和大象都擁有某種巨大的身體部位，也許很有共同的話題可以聊呢！

＊仿自童話故事《國王的驢耳朵》。

蜂鳥

迷你直升機

世界所有鳥類之中，蜂鳥是體型最小的鳥。

以極快的速度來回飛舞，吸食花蜜。最大的特徵就是能懸停在半空中！

翅膀不是上下拍動，而是像在畫「8」那樣，能產生空氣漩渦。

翅膀拍動的速度非常快，能像直升機那樣在空中懸停，是一般鳥類無法辦到的超高技巧。

振翅頻率，以最小的蜂鳥「吸蜜蜂鳥」為例，高達每秒 80 次！

是唯一能倒退飛行的鳥類。

和其他鳥類不同，翅膀往下拍、向上舉都會產生「升力」，也就是往上推升的作用力，所以能輕鬆的懸停。

動物資訊

蜂鳥的種類很多，大約有 330 種。幾乎所有種類的公鳥都帶有閃耀的藍色或綠色，非常美麗。吸蜜蜂鳥是世界上最小的鳥，體重只有兩公克。

體長 5 公分（吸蜜蜂鳥）

仰躺時會失去方向感而無法動彈。

分類 鳥類、蜂鳥科　食物 花蜜、昆蟲、蜘蛛　分布 南北美洲

蜂鳥的宿命居然是——
每天不停的吸食甘甜的花蜜！

蜂鳥飛行時不停迅速拍動翅膀，會消耗大量能量，每天需吸取比自己體重還要重的花蜜量！

以花蜜為主食，是因為花蜜是自然界中熱量超高的食物。

如果把蜂鳥換算成人類的體型，相當於每做一次懸停就要喝掉一罐果汁！一罐又一罐……必須不停的喝，才有足夠的體力。

利用蜂鳥等鳥類來傳播花粉、繁殖後代的植物，就稱為「鳥媒花」。雖然鳥媒花會分泌大量的花蜜，但蜂鳥需要極大的能量且消耗能量的速度很快，必須不停的進食，否則會沒辦法活下去。

啪！
啪！
啪！

偶爾放慢腳步嘛！
下次再說。
啪！
啪！

為了尋求不可或缺的能量，蜂鳥今天也是從一朵花飛到另一朵花，忙碌的穿梭……

條紋卡拉鷹

空中飛行的惡魔？

在福克蘭群島生活的猛禽。

南美
大陸
這裡！

同類！
遊隼
卡拉！
卡拉！

「卡拉！」獨特的叫聲就是名字的由來。是一種非常聰明的鳥類。

從蟲子、鳥類、小動物到屍體，什麼都吃。

嗚哇！

也會攻擊體型比自己大的巴布亞企鵝。

主要以銳利的爪子在地面狩獵。

明明不會攻擊人類，為什麼令人懼怕而被稱為「飛行惡魔」？

動物資訊

夏天在福克蘭群島捕食企鵝、海鳥的雛鳥或蛋。和遊隼是同類，但不是靠飛行而是步行狩獵。好奇心非常強，無論看到什麼都會馬上靠近。

體長 50 ～ 65 公分

頭獎：到福克蘭群島旅行
嘎啦
嘎啦！
不需要。

分類 鳥類、隼科　食物 昆蟲、企鵝等　分布 福克蘭群島

條紋卡拉鷹居然是——天才般的小偷！

之所以令人討厭，被稱為「飛行惡魔」，原因在於牠們毫不怕人且膽大包天的小偷行徑！

把固定帳篷的金屬零件通通拔走、毀壞帳篷、偷走裡面的食物……都是牠們的拿手好戲。

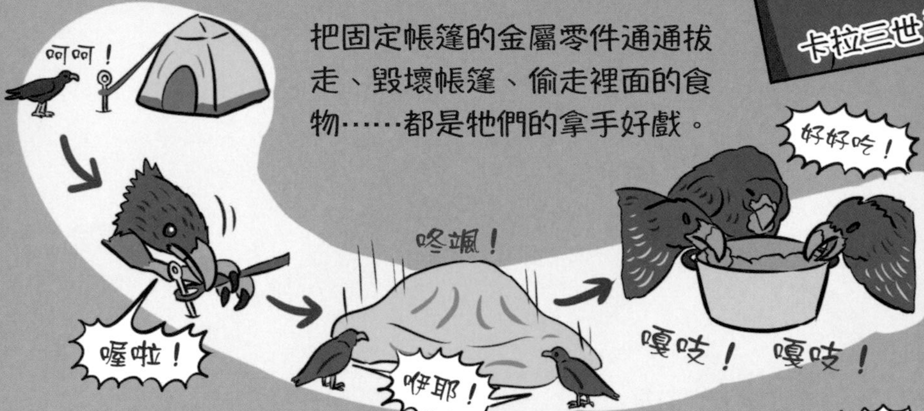

牠們也常常擄掠小羊等家畜，因而被當地人視為害鳥，還懸賞撲殺牠們！結果族群數量降到只剩 3000 隻左右。

一到冬天，福克蘭群島上能吃的獵物就會急遽減少，而且距離最近的島嶼遠在 500 公里外，使得條紋卡拉鷹未成年的亞成鳥大半都撐不過冬天而死亡。

既是飛行惡魔又是天才小偷的條紋卡拉鷹，其實也是為了要讓自己或後代存活而絞盡腦汁呢！

牠偷走了很重要的東西……
我的羊！
咩！
企鵝刑警

灰鸚鵡

世界上最聰明的鳥

具有非常高的智能，能學習人類的語言。

分類上屬於鸚鵡科，而不是鳳頭鸚鵡科。

美國著名的灰鸚鵡亞歷克斯，能理解東西的名稱、顏色以及數字。

能模仿許多聲音。

能夠計算簡單的加法。

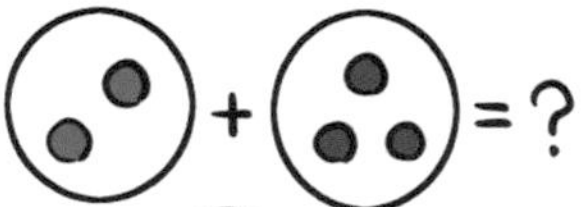

也會模仿電話的鈴聲，要注意。

非常聰明，而且也有叛逆期。

體長 28 ～ 39 公分

動物資訊

棲息在森林中。眾所周知，被當成寵物飼養時，牠們會模仿人的講話聲或是電話鈴聲等，也有觀察到野生的個體模仿狐蝠等動物的聲音。

分類 鳥類、鸚鵡科　食物 果實、種子　分布 西非～中非

灰鸚鵡就是因為太聰明——
反而成為盜獵者覬覦的對象！

灰鸚鵡聰明又可愛，是極受歡迎的寵物，可是也因此遭到大量捕捉！

被盜獵者捕捉，關在狹小籠子裡的灰鸚鵡。

進口一隻灰鸚鵡做為寵物，通常會有 20 隻因此犧牲。

為了不讓灰鸚鵡逃走，通常會剪掉牠們一部分的翅膀羽毛。牠們也經常因為生病或緊迫而死亡。

管理野生動植物國際貿易的華盛頓公約終於在 2016 年禁止野生灰鸚鵡的輸出和輸入，但是也因為更加稀有了，反而導致盜獵走私變本加厲，更為猖獗。

很聰明又愛說話，原本是成群生活的快樂鳥類，卻因為人類而受罪。討喜的灰鸚鵡在日本也非常受歡迎，每年將近 500 隻野生灰鸚鵡進口到日本。所以大家更需要知道這樣的事實。

要是人類被足智多謀的灰鸚鵡怨恨，搞不好……

肉垂水雉

水上漫步！

分布在南美洲的水鳥。

黑色身體搭配纖細的體型，很有魅力。

最大特徵是腳很大。用長長的腳趾輕巧的漫步在水面的浮葉上。

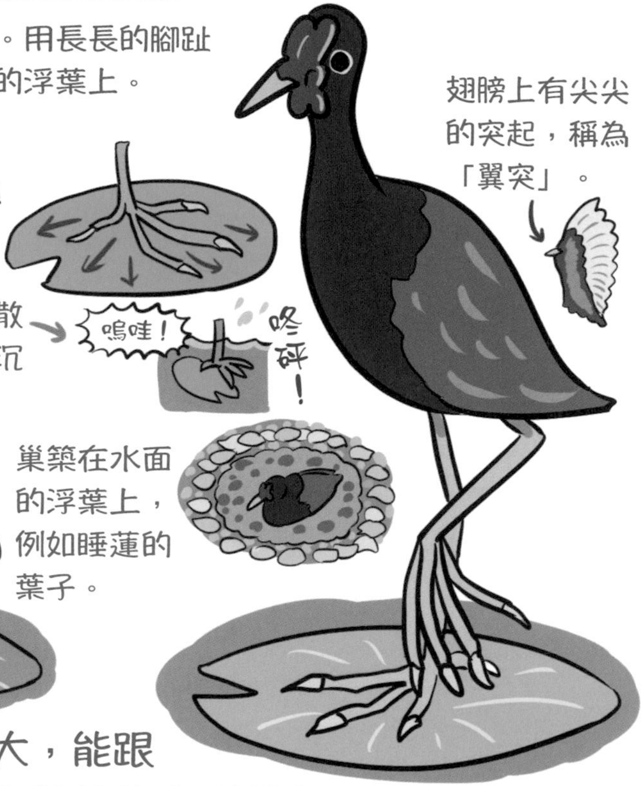

翅膀上有尖尖的突起，稱為「翼突」。

大腳比小腳更能分散體重，所以不容易沉到水裡。

巢築在水面的浮葉上，例如睡蓮的葉子。

雛鳥的腳也很大，能跟親鳥一起在浮水的植物上面行走。

動物資訊

分布在南美洲的鳥類，棲息在有鱷魚、水豚出沒的池塘或河流。會為了尋找水草上的昆蟲而來回走動。全世界有八種水雉，每一種都具有很長的腳趾。

體長 21 ～ 25 公分

分類 鳥類、水雉科　食物 昆蟲　分布 南美洲

肉垂水雉的公鳥——

明知母鳥偷情還繼續育幼！

肉垂水雉基本上算是「一夫一妻」，由公鳥負責育幼。但是母鳥會在公鳥眼前毫不遮掩的「偷情」！

母鳥縱使已經在巢裡產下蛋，還是會在不同的公鳥之間來來去去。

肉垂水雉的蛋會被鱷魚吃掉，一般認為，母鳥是為了補償損失才四處偷情，多下一些蛋。

公鳥養育的雛鳥中，親生孩子的機率只有四分之一！

不過，公鳥完全不在意「是不是自己親生的孩子」，只是一心一意的養育眼前的雛鳥。也許是因為牠判斷，如此一來，自己親生的雛鳥成功長大的可能性也會提高。以某種意義來說，是令人敬佩的育幼精神！

金色箭毒蛙

世界上最美的毒蛙

地球上毒性最強的箭毒蛙！

南美洲原住民把牠們的毒塗在吹箭的箭頭上，所以稱為箭毒蛙。

鮮豔的顏色用來警告敵人：不要吃我！

吃了會死喔。
應該吧。

做什麼啦！

把箭頭大力壓到後腳上。

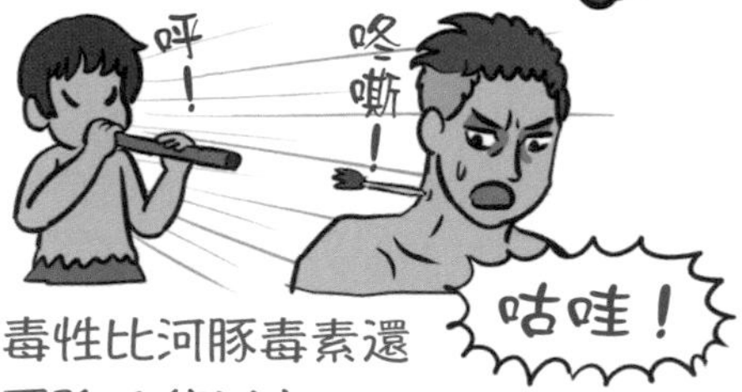

呼！
咚嘶！
咕哇！

毒性非常強，一隻箭毒蛙的毒足以毒死兩頭大象或是 10 個人！

毒性比河豚毒素還要強 4 倍以上！

河
豚
毒
素

嗚哇！

體長 4.5 ～ 4.7 公分

動物資訊

生活在熱帶的森林中。卵產在落葉下面。卵孵化之後，雄蛙會把孵化出來的蝌蚪搬運到水流不強的安全水域。

雄蛙會把蝌蚪揹在背上搬運。

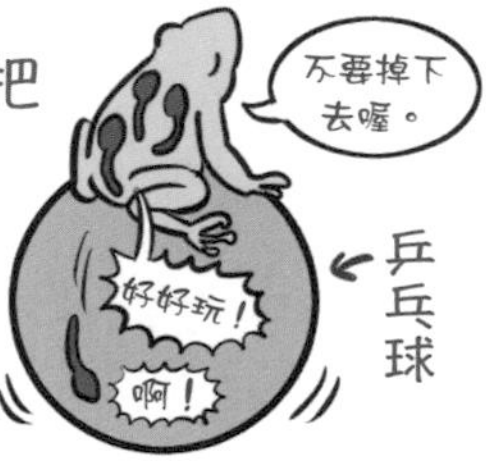

不要掉下去喔。
好好玩！
啊！
乒乓球

分類 兩生類、箭毒蛙科　食物 昆蟲等　分布 哥倫比亞西部

劇毒的金色箭毒蛙居然——是倍受喜愛的寵物？

買得起的青蛙。

金色箭毒蛙之類的箭毒蛙是市面上買得到的寵物，在日本大概三萬日圓就能買到。

顏色和斑紋很多樣，非常美麗。

劇毒難道不危險嗎？也許你會這麼想，但其實箭毒蛙原本是沒有毒的！

箭毒蛙並不是自己分泌毒素，而是吃生活周遭的蟎、螞蟻等動物，從食物中一點一滴的獲得毒素。所以，人工飼養的箭毒蛙是沒有毒的。

用這種勤勉不懈的方式累積，居然獲得了世界最強的毒性，實在是讓人難以想像！

不過，牠們的毒對生活在同一棲地的某種蛇不管用，最毒的青蛙還是有天敵的呢！

墨西哥鈍口螈

可愛的天使笑臉

※ 蠑螈和青蛙等。

兩生類※，主要特徵是不可思議的表情和白色體色。

別名「六角恐龍」，三對巨大的外鰓裸露在外。

棲息在墨西哥的運河裡。

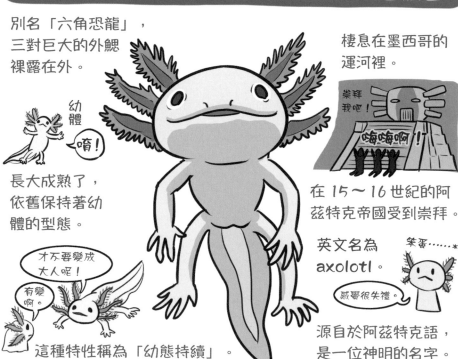

長大成熟了，依舊保持著幼體的型態。

在 15～16 世紀的阿茲特克帝國受到崇拜。

英文名為 axolotl。

這種特性稱為「幼態持續」。

源自於阿茲特克語，是一位神明的名字。

野生的數量大為減少，可能幾年內就會滅絕……

動物資訊

野生個體棲息在海拔2000公尺以上的高山湖泊，全身黑色的個體比較多。在寵物市場深受歡迎的白色型是從白化個體人工培育出來的。

體長 20～25 公分

分類 兩生類、鈍口螈科　食物 蝦、蟹、魚　分布 墨西哥

＊ axolotl 唸起來跟日文あほう（ahou）有點像，是笨蛋、傻瓜的意思。

墨西哥鈍口螈居然——
具有驚人的再生能力！

墨西哥鈍口螈等蠑螈，身體具有非常驚人的再生能力！

即使失去腳或尾巴，也能在幾週後再長出來。

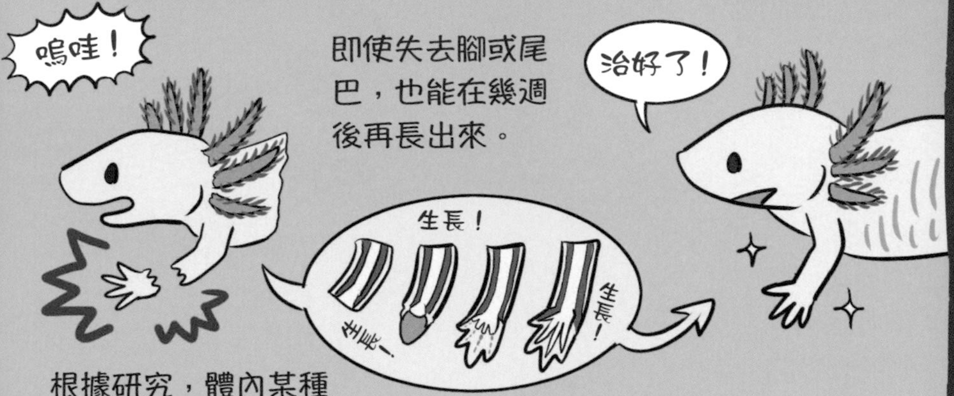

根據研究，體內某種特定的蛋白質會促進再生。

記憶體正在修復中……

即使失去腦等重要器官也能夠再生，實在是非常驚人！

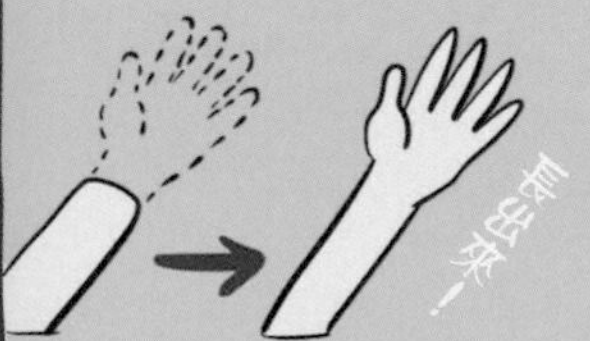

針對墨西哥鈍口螈這種驚人的特質，細胞再生的相關研究非常熱門，也許將來某一天也能讓人類的身體組織再生呢！

以後可能會有這種事……
嗚哇！
啪颯！
被切成兩半。
從這裡……
扭扭長出！
扭扭長出！
真好真好！
變回原來的樣子！
應該不可能吧……
還變多了。

德州角蜥

沙漠裡的求生專家

分布在美洲，具有許多棘刺的小型爬行類。

生活在沙漠地區，有很多天敵，包括犬科動物郊狼，還有蛇、鳥等。要在這麼險惡的地方活下去，不得不使出各種防禦手段。

主食是螞蟻。

天敵接近時，先活用跟地面顏色很相近的體色，把自己隱藏起來，避免被發現。

要是露餡了，就吸氣把身體膨脹成兩倍，進行威嚇！如此一來，也不容易被吞食。

萬一被逼到絕境的時候，就會使出終極武器……

動物資訊

分布在北美洲到墨西哥的沙漠。利用晨昏涼爽時尋找螞蟻等獵物，炎熱的白天就在植物的陰影處休息。牠們是很受歡迎的寵物，因而被大量捕捉，導致數量減少。

體長 10 公分

迷你仙人掌

外形看起來像龍，卻十分迷你。

分類 爬行類、角蜥科　食物 螞蟻　分布 北美洲西南部～墨西哥德州角蜥的終極武器居然是——

從眼睛噴出殷紅的血液！

如果躲藏、威嚇都不管用而陷入絕境時，德州角蜥就會使出最後的手段。

牠們會從眼睛噴出血液，像「水槍」一樣朝天敵噴射！

射程可達到1公尺遠！

血液中還含有郊狼等動物討厭的化學物質，讓沙漠中的強敵難以招架。

不過，「血槍」會消耗體內三分之一的血液，所以是很少使用的大絕招。

為了在嚴酷的沙漠中生存，不得不冒著生命危險呢！

YOU WIN! 你贏了！
德州
汪！
汪！
差點沒命了。

非洲化蜜蜂

親愛的蜂蜜，狂野的蜜蜂

人類以非洲蜂和歐洲蜂雜交而產生出來的蜜蜂。

一說到蜜蜂就會想到蜂蜜。以前計畫用人工育種，培育出能大量產蜜的蜜蜂。

和歐洲蜂比起來，非洲蜂有許多優異之處，像是：

- 容易組成蜂群。
- 很會保護蜂巢。

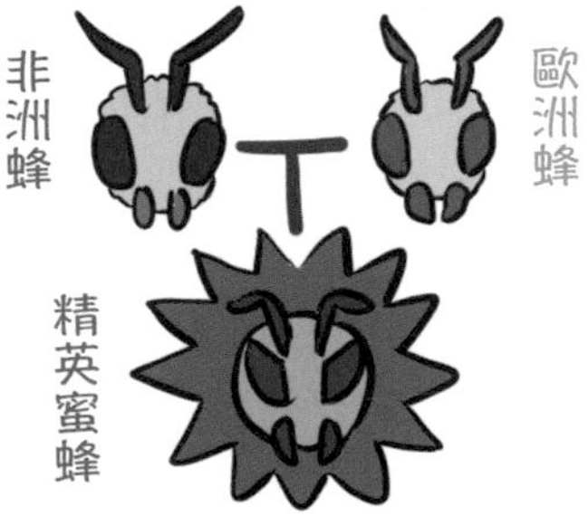

當初的計畫是想結合兩種蜜蜂的優點，培育出適合在熱帶地區巴西飼養的理想蜜蜂。

再見啦！
啪
咚！
玻璃不會破吧？

但是有一天，實驗中的蜜蜂從實驗室逃走了……

動物資訊

非洲化蜜蜂產生蜂膠的能力非常強，因而受到注目。蜂膠是蜜蜂把採集到的植物汁液跟唾液混合在一起形成的，是築巢的材料，可用來製作各種健康食品。

體長 10～20 公釐

在蜜蜂之中體型較小。

好愛你，親愛的。*

分類 昆蟲、蜜蜂科　食物 花蜜　分布 巴西、澳洲、美國

* 英文中，「親愛的」跟蜂蜜（honey）雙關。

非洲化蜜蜂居然——
擁有「殺人蜂」的稱號！

從實驗室脫逃的非洲化蜜蜂有了出乎意料的發展。牠們不停繁殖，逐漸擴大分布的範圍！

・容易組成蜂群→大量增加同伴而愈來愈大群！
・很會保護蜂巢→攻擊性非常強！
除此之外，還多了幾項特性：
・鍥而不捨的追趕進入領域的敵人。
・單一隻的毒性不強，但是一大群就變成劇毒！

由於上述種種特性，後來變得不可收拾！雖然只是小小的蜜蜂，卻被封為「殺人蜂」，成為人人聞之色變的可怕昆蟲。

目前採取的對策是讓牠們和個性溫和的義大利蜂等蜜蜂交配，慢慢消除凶暴的性格……

孔雀蜘蛛

閃耀吧，跳舞大師！

分布在澳洲，是蠅虎的同類。

蠅虎這類蜘蛛不會吐絲結網捕蟲來吃，而是直接跳到蒼蠅等獵物身上獵殺。

孔雀蜘蛛會以華麗的舞蹈來勾起雌蛛的興趣。

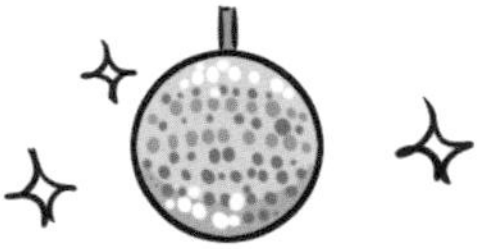

腹部像扇子一樣，上面的斑紋色彩鮮豔，跟孔雀非常相像。

不同種類的孔雀蜘蛛，身上的斑紋和舞蹈也不一樣。

動物資訊

蠅虎跳躍追捕獵物時，會用一條曳絲做為救命繩。由於牠們具有發達的大眼睛，所以能用鮮豔的色彩和華麗的舞蹈來求偶。

體長 5 公釐

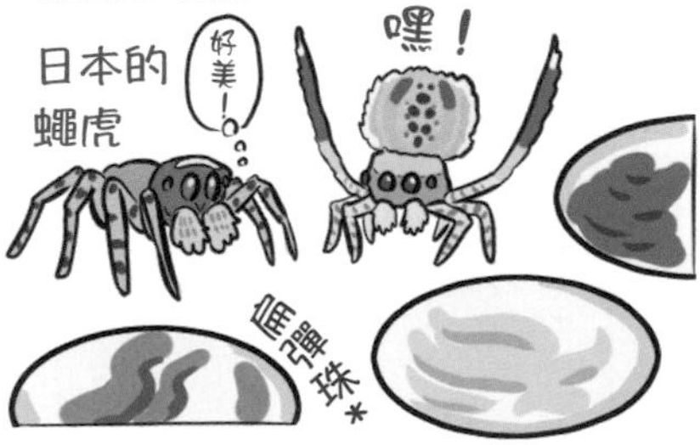

分類 節肢動物、蠅虎科　食物 小蟲子等　分布 澳洲等

＊很像壓扁的玻璃彈珠，是日本傳統的童玩。

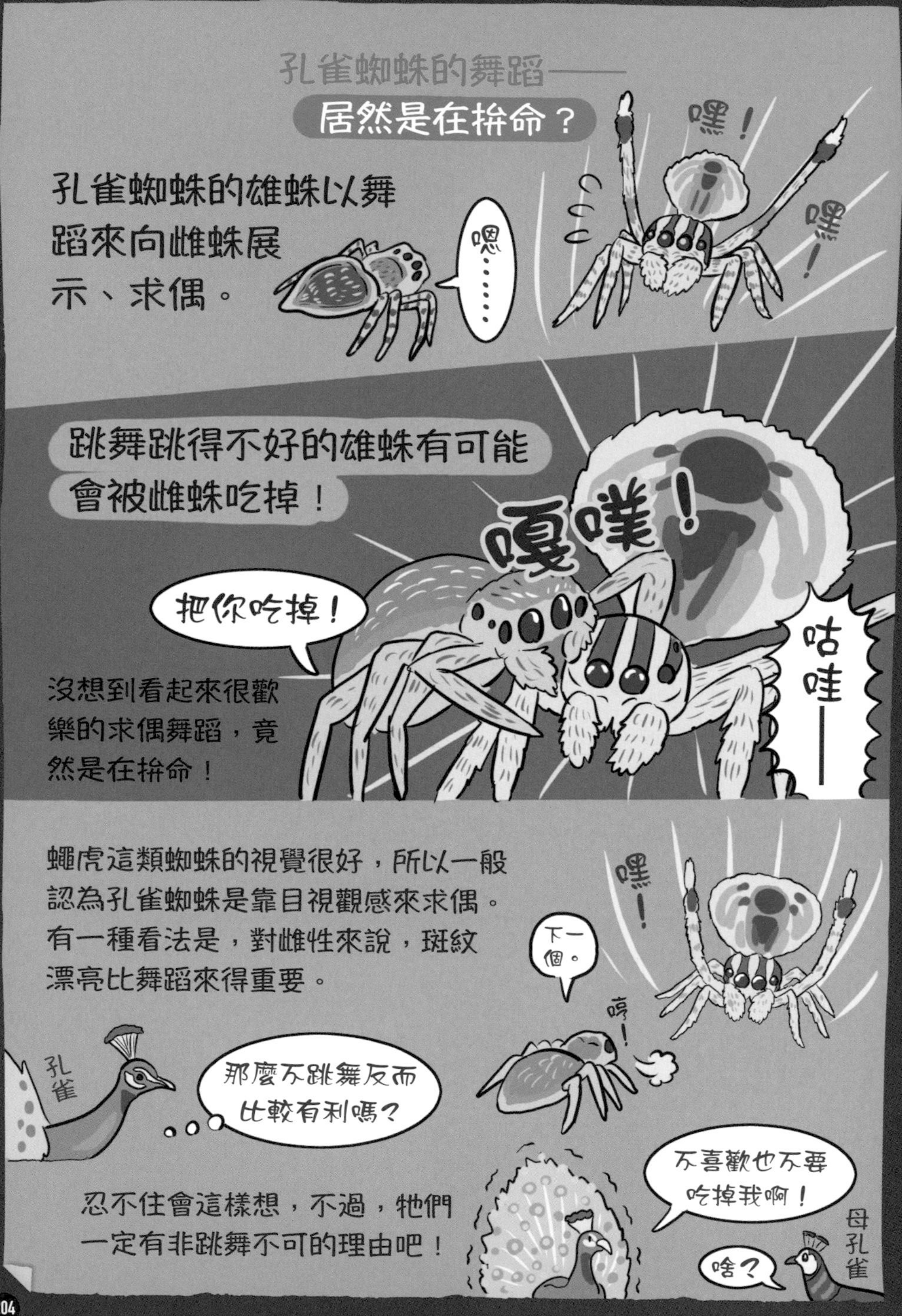
孔雀蜘蛛的舞蹈——
居然是在拚命？
孔雀蜘蛛的雄蛛以舞蹈來向雌蛛展示、求偶。
嘿！
嘿！
嗯……
跳舞跳得不好的雄蛛有可能會被雌蛛吃掉！
嘎噗！
把你吃掉！
咕哇——
沒想到看起來很歡樂的求偶舞蹈，竟然是在拚命！
蠅虎這類蜘蛛的視覺很好，所以一般認為孔雀蜘蛛是靠目視觀感來求偶。有一種看法是，對雌性來說，斑紋漂亮比舞蹈來得重要。
嘿！
下一個。
哼！
孔雀
那麼不跳舞反而比較有利嗎？
不喜歡也不要吃掉我啊！
母孔雀
啥？
忍不住會這樣想，不過，牠們一定有非跳舞不可的理由吧！

大王魷

深海的觸手之王

※無脊椎動物：沒有脊柱的動物。

地球上最大的無脊椎動物！

棲息在深海，充滿謎團的巨大魷魚！

八條「腕」上面布滿了吸盤。

眼睛像沙灘球那麼大。

是生物界裡最大的眼睛。

用兩條長長的「觸腕」來捕捉獵物。

口部有銳利的喙。

體內有很多比海水輕的氨，就算可以吃也不好吃。

深海裡的大王魷身體巨大無比，沒想到……

動物資訊

雖然是巨大的魷魚，但身體的構造跟在超級市場販賣的北魷等魷魚幾乎一模一樣。游泳速度極為迅速，會積極狩獵，捕捉各式各樣的魚或魷魚來吃。

體長 最大 18 公尺

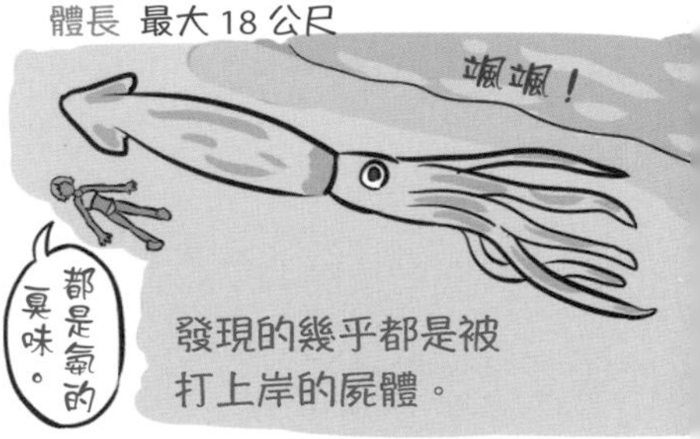

發現的幾乎都是被打上岸的屍體。

分類 頭足類、大王魷科　食物 魷魚、魚等　分布 太平洋、印度洋、大西洋

巨大的大王魷居然——
也有天敵會獵捕牠們！

分布在世界各地海域的抹香鯨，主要的食物是魷魚，其中居然也包括了大王魷！

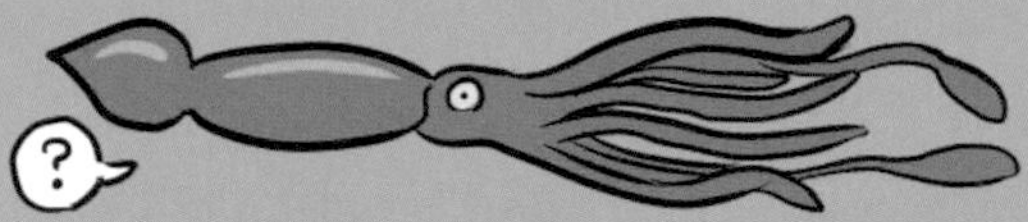
?

魷魚應用程式
30公尺以內有魷魚。

抹香鯨能潛到 1000 公尺深的海裡，使用特殊的音波找出魷魚。就算是偌大的大王魷，在身體重達 50 公噸的抹香鯨面前，也會淪為獵物。

不過，大王魷當然不會乖乖的被吃掉……

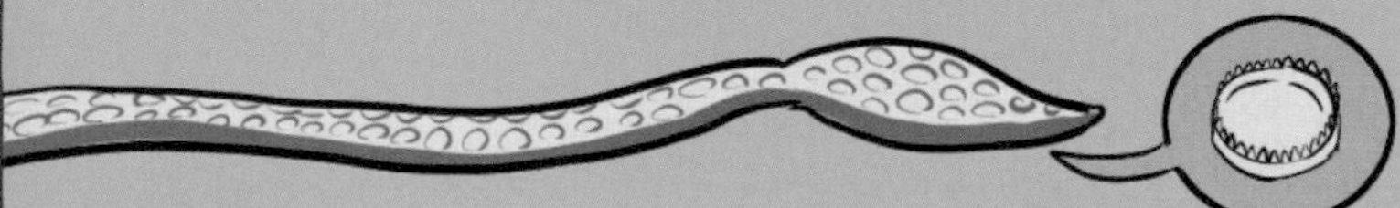

呼耶！

大王魷會用具有吸盤的觸腕進行頑強的抵抗，吸盤上長滿了小刺呢！經過一番殊死纏鬥，有時會在抹香鯨臉上留下吸盤的痕跡。

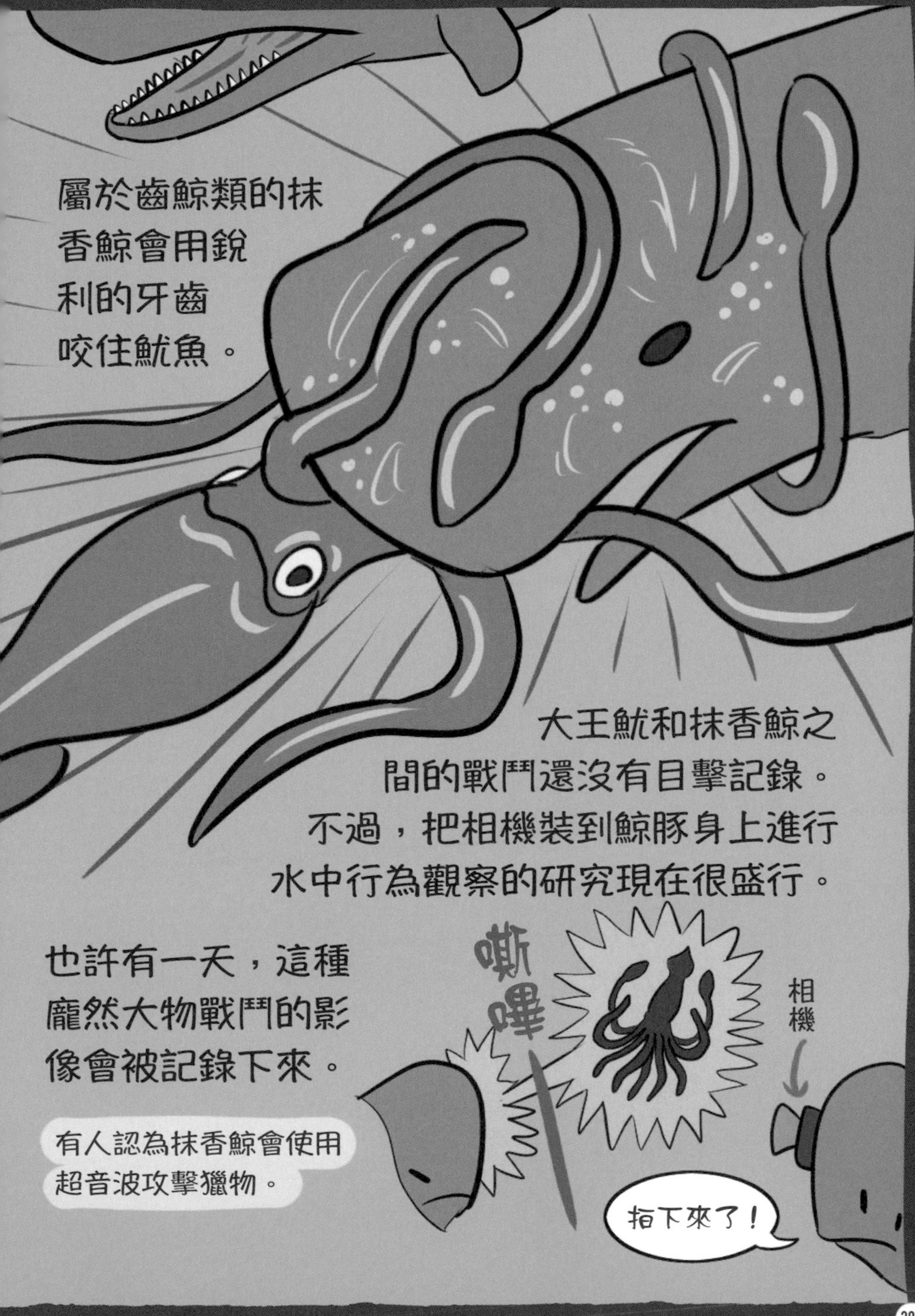
屬於齒鯨類的抹香鯨會用銳利的牙齒咬住魷魚。
大王魷和抹香鯨之間的戰鬥還沒有目擊記錄。不過，把相機裝到鯨豚身上進行水中行為觀察的研究現在很盛行。
也許有一天，這種龐然大物戰鬥的影像會被記錄下來。
有人認為抹香鯨會使用超音波攻擊獵物。
嘶嗶
相機
拍下來了！

真正的巨大魷魚！

大王酸漿魷

在抹香鯨的胃裡發現！

比大王魷棲息環境還要深的海裡，躲藏著另外一種巨大又神祕的魷魚。

大王魷雖然被稱為世界最大的魷魚，但是還有另外一種巨大的魷魚和牠難分軒輊，那就是棲息在

深海 2000 公尺處的大王酸漿魷。

含觸腕在內，最大可達18公尺。

整體來說，大王酸漿魷的身體看起來比大王魷稍微圓滾一點，但是體重可達 500 公斤，遠遠超過大王魷！

觸腕長達一公尺，上面布滿了直徑 2.5 公分的大吸盤，變得像鉤爪的吸盤能做為武器。

代謝速率非常緩慢，吃下一條 5 公斤的魚就能存活 200 天！

身體雖然龐大，卻好像沒有必要吃很多東西，只是在深海中悠哉漂浮著而已。

全長約12～13公尺。

到目前為止總共只有三具成體的全身標本，包圍著大王酸漿魷的謎團比大王魷還要多呢！

浮游海參

深海之夢*

棲息在深海 300～6000 公尺的海參。

長得非常奇妙，具有粉紅色半透明的身體，以圓形的口部吸取大量泥沙，再攝食其中的微小生物。

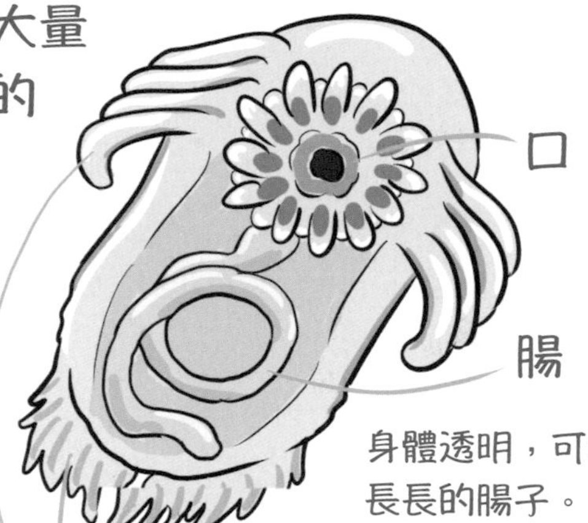

身體透明，可看到長長的腸子。

具有12～14根稱為「疣突」的構造。

受到刺激時會發光。

海參一般在海底像毛毛蟲那樣蠕動，

沒想到浮游海參居然擁有特殊的能力……

動物資訊

海參會在海底扭來扭去的活動，攝食時會連泥沙一起吃下去。為了從營養少的食物中盡量獲取養分，會在長長的腸子裡花很久的時間消化。

體長 20 公分

分類 棘皮動物、浮游海參科　食物 海底的微小生物　分布 太平洋

* 浮游海參日文名直譯是「夢海參」，意思是「像夢一樣美麗的海參」。

浮游海參居然──
會輕飄飄的游泳！

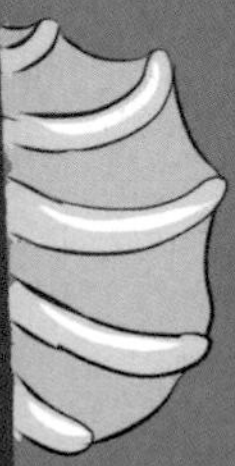

浮游海參居然會在海中輕飄飄的游泳，真是不可思議！

牠們的疣突和疣突之間有像蹼一樣的膜，能啪噠啪噠的擺動游泳。

疣突位於身體的前面和後面，擺動前面的疣突就可以往前進。

肚子餓了……
開動了。
吸嘶！
嘶嘶！
謝謝招待！
好像站著吃的「立食麵店」。

只有進食的時候會在海底「著陸」。進食時間只有短短1分鐘左右。

發著光的海參優雅自在的在海中浮游，真像是夢一般的光景。

附帶一提，一般的海參也不是不會游泳……

一小時大概可前進五公尺。

槍蝦

大海裡的槍手

棲息在溫暖海域的蝦類。

會敲打鉗螯而產生聲響，所以稱牠為「槍蝦」。
日文漢字為「鐵炮海老」*。

左右鉗螯的形狀不同，右邊特別大。

槍蝦的種類有好幾百種，真可說是「槍手集團」。

會快速閉合鉗螯來產生氣泡，利用氣泡破碎時產生的衝擊波來擊昏獵物，或是對天敵章魚、魷魚等進行威嚇。

這種特殊的方式稱為「空穴效應」。
不同種類的槍蝦，使用的方式也不一樣。

動物資訊

槍蝦主要分布在熱帶海域，有許多不同的種類，外觀通常都很華麗。分布在日本的槍蝦是少數棲息在寒冷海域的種類，外觀看起來比較樸素。

體長 5～7 公分

分類 甲殼類、槍蝦科　　食物 魚、甲殼類　　分布 東亞的淺海

* 鐵炮在日文是「槍」的意思，海老則是「蝦」的意思。

槍蝦居然——有幫手！

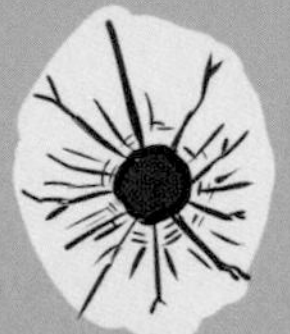

跑快一點！
根本沒在動。

身為在海洋這種荒野中漂泊的槍手，槍蝦應該很孤傲……

才這麼想著，沒想到槍蝦居然有一起生活的搭檔！

許多種類的槍蝦會和鰕虎一起生活。大多數槍蝦視力不好，所以請鰕虎擔任守衛，幫忙監視巢穴周圍有沒有危險。

槍蝦負責挖掘、清理巢穴，讓不築巢穴的鰕虎有藏身之地。這種對雙方都有利的關係，稱為「共生」。

紅帶連膜鰕虎和蘭道氏槍蝦是常見的組合。

不要失敗啊，我的好搭檔。
那是我的臺詞吧。

要在大海的荒野中生存，不只要依賴「手槍」，能夠信賴的夥伴也是不可或缺的呢！

棘冠海星

珊瑚的惡夢

肉食性的大型海星，全身布滿了棘刺！

棘刺有毒，被刺到會感到劇痛，甚至會死亡。

進食時，從口把胃吐出來，覆蓋在珊瑚等獵物上面。

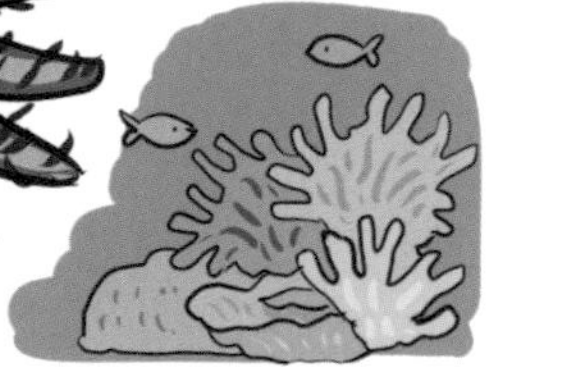

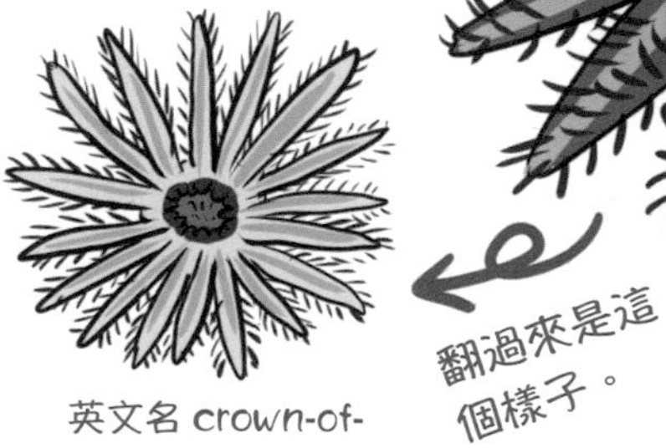

名列世界遺產的澳洲大堡礁，美麗的珊瑚高達40%是被棘冠海星摧毀的！

英文名 crown-of-thorns starfish，用「荊棘的王冠」來形容牠。

色彩繽紛鮮艷的珊瑚死了會變成白色的。

棘冠海星看起來全副武裝，居然還有天敵？

動物資訊

海星的身體能伸出許多末端有吸盤的細管，稱為「管足」，牠們就是用管足移動。棘冠海星為了吃珊瑚，一天可移動將近70公尺！

體長 30 ～ 60 公分

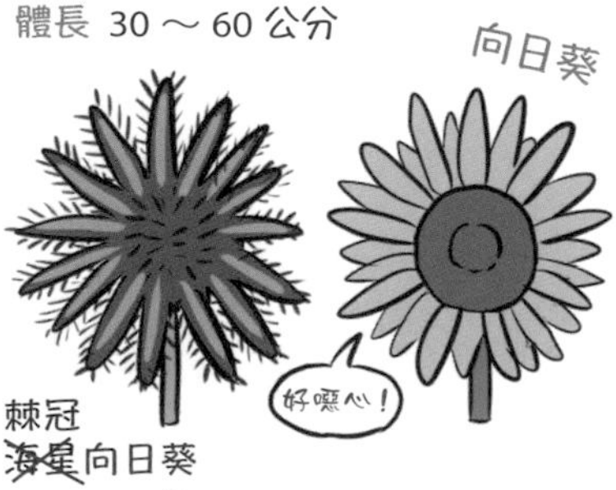

分類 棘皮動物、長棘海星科　食物 珊瑚等　分布 西太平洋、印度洋

沒想到，棘冠海星——
會淪為大法螺的盤中飧！
日本最大的螺類「大法螺」
是少數會吃棘冠海星的生物！
噗喔喔喔喔！
咕哇！
完全不怕有毒的棘
刺，直接攻擊！
把長長的口
部伸出來吃
棘冠海星。
非常感謝。
什麼事？
珊瑚
咀嚼！
咕哇！
咀嚼！
可以說大法螺間接的保護了珊瑚。
不過，棘冠海星最可怕的天敵還是人類！
從防治棘冠海星的毒藥，到會自動發現棘冠海星並將牠們殺死
的機器……都持續在開發中！
噗喔！
不要跑！
不要啊！
噠噠噠噠噠！
棘冠海星稱霸珊瑚礁的
日子可能不長久了。

吸血鬼魷魚

深海的吸血鬼？

棲息在深海 1000～2000 公尺的生物。

學名 *Vampyroteuthis infernalis* 的意思是「地獄的吸血魷魚」。

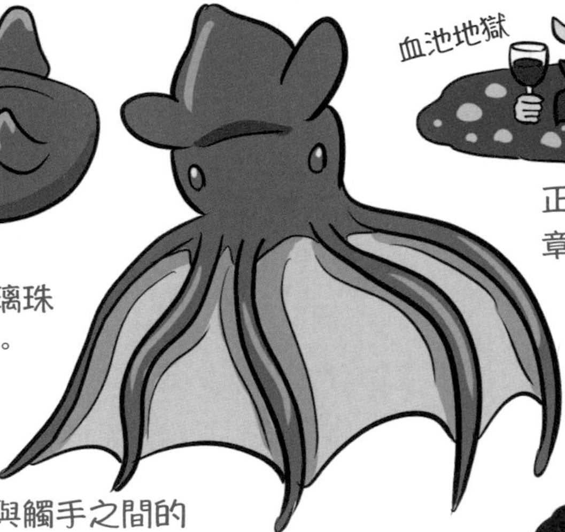

具有像玻璃珠的大眼睛。

正確來說，既不是章魚也不是魷魚，而是比較接近章魚的祖先。

利用觸手與觸手之間的裙狀膜和鰭來游泳。

觸手的末端以及基部中心，具有會發出藍白光的發光器。

吸血鬼魷魚的外形有點嚇人，讓人以為牠是可怕的掠食者，沒想到……

動物資訊

吸血鬼魷魚還留有古老的樣貌，可說是「活化石」。牠們主要以「海洋雪」為食，也就是海中漂蕩的微小生物屍體或是甲殼類的蛻殼。

體長 15 公分

分類 頭足類、吸血魷科　食物 海洋雪　分布 世界各地的溫暖海域

＊吸血鬼魷魚的日文漢字為「蝙蝠蛸」，仿自牠外形的傘就叫「蝙蝠傘」。

沒想到，吸血鬼魷魚——
居然是悠悠哉哉的進食！

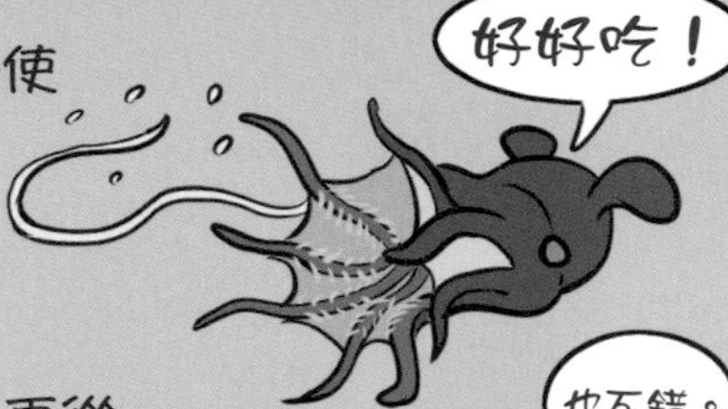

目前已經知道吸血鬼魷魚平常是使用又細又長的「觸鬚」，悠哉的吃著「海洋雪」，也就是海中下沉的有機碎屑！

牠們從觸手基部附近伸出觸鬚，再從觸鬚末端分泌黏液來收集海洋雪，黏成一小球一小球來吃。

原本以為牠們是嗜血的掠食者，沒想到完全不一樣！

遇到危險時，會把八條觸手和膜反過來包住身體。

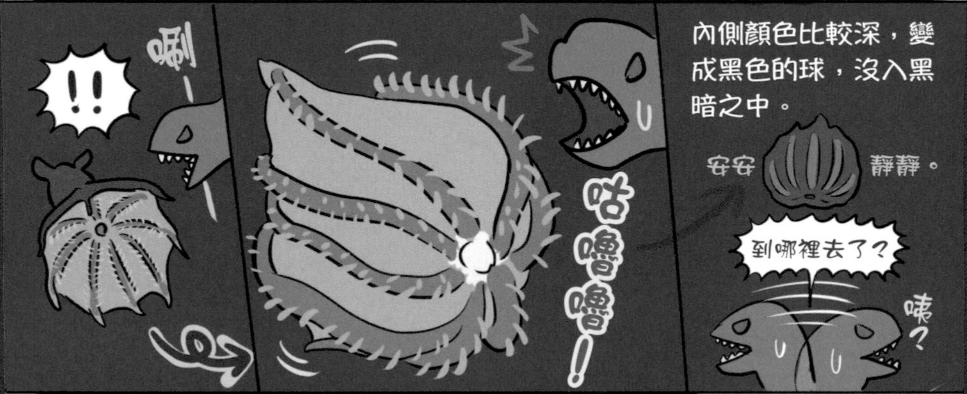

!!
唰
咕嚕嚕！
內側顏色比較深，變成黑色的球，沒入黑暗之中。
安安靜靜。
到哪裡去了？
咦？

還會讓觸手基部的發光器發光，然後慢慢變暗，製造出逐漸遠去的錯覺。

沒想到是個很會演戲的深海吸血鬼呢！

船蛸

誰躲在殼裡？

具有形狀美麗的白色外殼。

冬天到春天時，會有許多漂到日本海岸。

日文漢字寫成「葵貝」，因為兩枚拼在一起的形狀很像葵葉。葵是指細辛之類的植物。

殼很薄呈半透明，所以英文稱為paper nautilus，意思是「紙片鸚鵡螺」。

乍看之下很普通，但是裡面好像躲著什麼東西……

牠的真面目究竟是什麼？

動物資訊

殼像紙一樣薄。熱帶的海域很常見，在廣闊的海面漂浮度日，時常會附著在水母上面。雌雄差異很大，雄性的體型非常小。

體長 30 公分（雌）、1.5 公分（雄）

分類 軟體動物、船蛸科　食物 貝類　分布 世界各地的溫暖海域

＊日文中，「除了藍色以外」的發音跟「葵貝」一樣。

船蛸裡面居然——

躲著章魚！

躲在殼裡面的船蛸長得很像章魚，
所以又被稱為「有殼的章魚」。

船蛸的殼和海瓜子、蛤蠣等貝類用來生活的殼不同，是雌性為了保護卵而製造出來的，還能像游泳圈那樣，提供浮力讓牠漂浮。

章魚和魷魚是很久很久以前從貝類演化而來的。

章魚和魷魚的差別，其中一項在於體內是否有貝類的痕跡器官。

章魚（沒有痕跡）

魷魚（體內的軟甲是痕跡）

一般的章魚不具有貝類的痕跡器官，但船蛸是會自己製造殼來利用的罕見章魚。

自己動手做。

一般的章魚是在海底或礁石裡埋伏狩獵，但雌性船蛸是在海裡漂蕩，吃浮游生物。

附帶一提，只有雌性有殼。

雄性非常小，1.5～5公分。

北極蛤

久遠的貝類

乍看之下完全沒有什麼特別的雙殼貝類，靜靜棲息在北大西洋黑暗寒冷的海底。

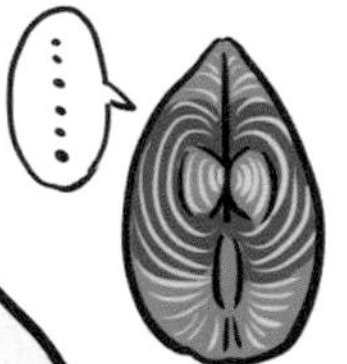

英文名為 mahogany clam（桃花心木蛤），是因為殼表面的顏色和紋路跟桃花心木這種樹很像。

在冰島等北歐地區是非常普遍的貝類，可做成蛤蜊濃湯等料理。

看起來極為普通的貝類，卻隱藏著非常驚人的祕密……

動物資訊

分布在距離北大西洋海岸400公尺左右的海底，是附近地區居民的食用貝類。到了20歲左右，成長速度就會急劇減緩，從外觀看不太出來是幾歲。

體長 8～13 公分

分類 軟體動物、北極蛤科　食物 海中的有機物質　分布 北大西洋

北極蛤居然是——
地球上最長壽的動物！

之前發現的某個北極蛤，年齡居然高達 507 歲！牠被取名為「明」，還被金氏世界紀錄認證為地球最長壽的動物。

雖然是這樣，外表看起來就是單純的貝類而已。牠們即使活了幾百年，還是不會變得很大顆，所以就算登上了金氏世界紀錄，還是可能在不知不覺中被人吃掉。

北極蛤「明」誕生時……

中國為明朝時代，所以把牠取名為「明」。

歐洲正值達文西創作「蒙娜麗莎」的時期。

日本則是戰國時代。

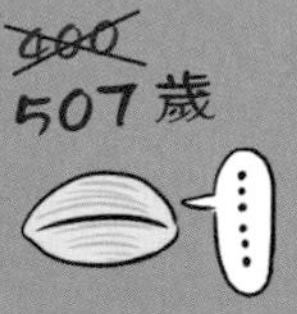

就像樹木的年輪那樣，貝類可以計算殼上的紋路來估計年齡。507 歲的明，年齡起初被少算了 100 年。

不過，對活了好幾個世紀的北極蛤來說，可能完全無所謂吧！

後記

嗚哇！（←問候）

謝謝大家把書讀到最後一頁。我打從心底希望這本書能夠讓大家覺得很有趣。當然可能也會有「雖然沒有整本書都看，但是先看後記再說」的朋友吧（我有時候也會這樣），即使如此，我還是非常感謝！

雖然我在書中介紹了許多動物「眾所皆知」和「不為人知」的各個面向，不過我們對生物的了解真的是日新月異，每天都以極快的速度發現新的事實。所以，將來也可能會有新發現而完全顛覆這本書裡面寫的內容吧！大家耳熟能詳的、鮮為人知的，以及更深一層的結語……生物實在是充滿了驚奇，處處令人意外。

請大家不要忘記，跟這些令人愉快的夥伴生活在同一個世界是多麼幸運！從今以後一起探尋生物的各種不可思議吧！今後如果能在某處再會，是我無比的榮幸。

最後，對於跟我一起努力把這本書做出來的編輯、把這本書做得超棒的設計師、監修的柴田先生、在其他方面幫助我的眾人，以及讓我發表生物插畫的契機——我家附近水池的翠鳥大大，真的是非常謝謝！完畢！

沼笠航

索　引

好多的
不為人知！
吼——啦！
咕嘰！

國家圖書館出版品預行編目

表裡不一的動物超棒的！圖鑑 / 沼笠航著；
柴田佳秀生物監修；張東君譯.
初版. -- 臺北市：遠流, 2019.06 面； 公分.
ISBN 978-957-32-8530-4（平裝）
1.動物 2.繪本

380 108004481

表裡不一的動物超棒的！圖鑑

作者／沼笠航
生物監修／柴田佳秀
譯者／張東君

責任編輯／張容瑱（特約）
封面暨內頁設計／吳慧妮（特約）
副主編／謝宜珊
行銷企劃／王綾翊
出版六部總編輯／陳雅茜

發行人／王榮文
出版發行／遠流出版事業股份有限公司
地址／臺北市中山北路一段11號13樓
電話／02-2571-0297　傳真／02-2571-0197
郵撥／0189456-1
遠流博識網／www.ylib.com
電子信箱／ylib@ ylib.com
ISBN 978-957-32-8530-4
2019年 6 月 1 日初版
2024年 5 月25日初版七刷

定價・新臺幣480元

美麗的粉紅色
不是天生的！

日文版設計／村口敬太（STUDIO DUNK）
日文版協力編輯／三橋太央（OFFICE303）